神々の復讐

人喰いヒグマたちの北海道開拓史

中山茂大
Nakayama Shigeo

KODANSHA

①開拓図

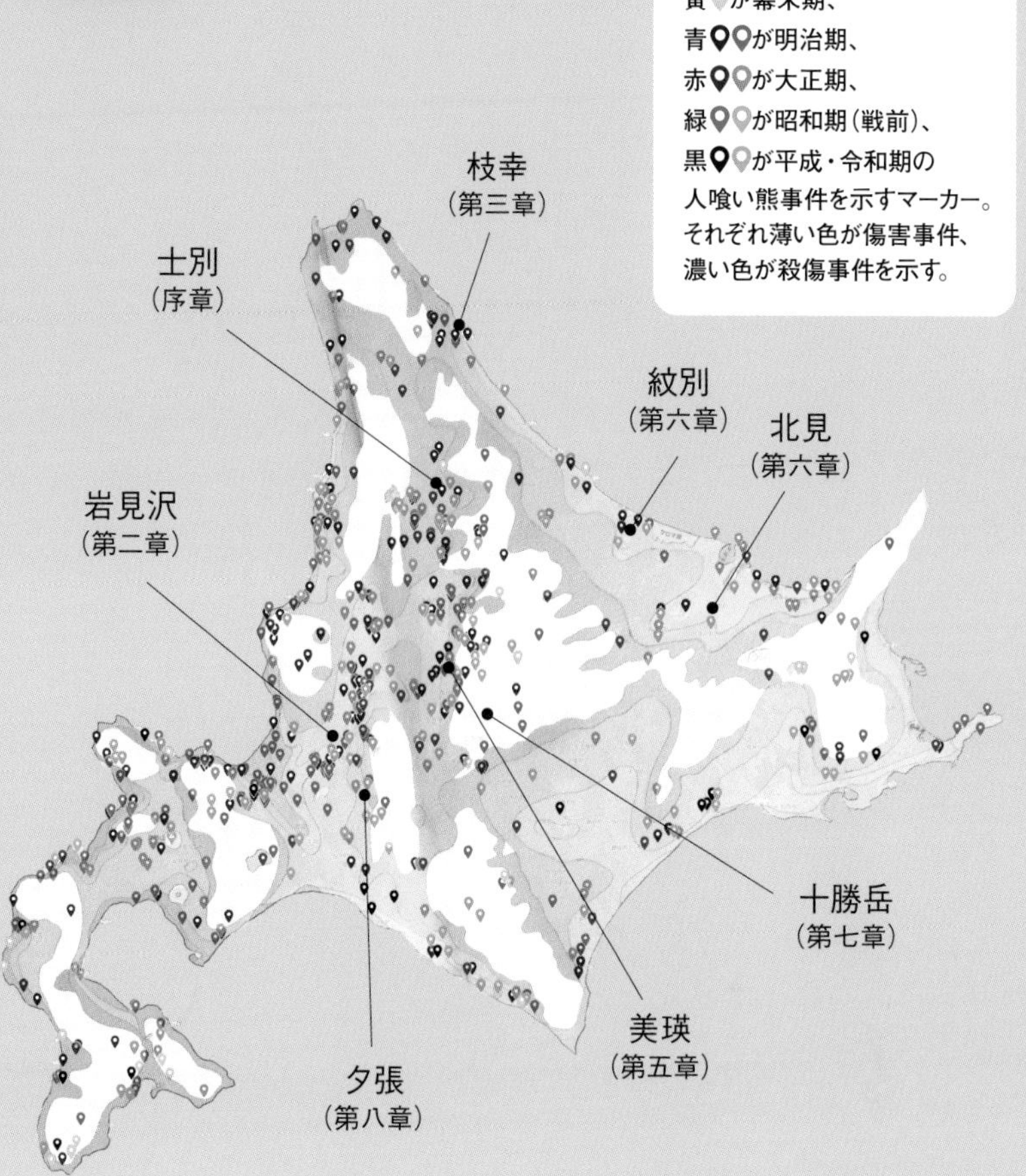

『新北海道史』掲載の「北海道開拓図」を加工したものと、筆者が作製した「人喰い熊マップ」を重ねた。殺傷事件が、大正八年までに開拓された「人間の生活圏」（グレー部分）に集中しており、ヒグマに残された棲息域（空白部分）では少ないことが明瞭である。

②人口中心点

『新北海道史』掲載の「人口中心」の移動を示した地図を加工したものと「人喰い熊マップ」を重ねた。明治二年から大正九年にかけて、中心点が道央に移動し、人喰い熊事件も同様に道央に移動している。

③明治本道鉄道全線

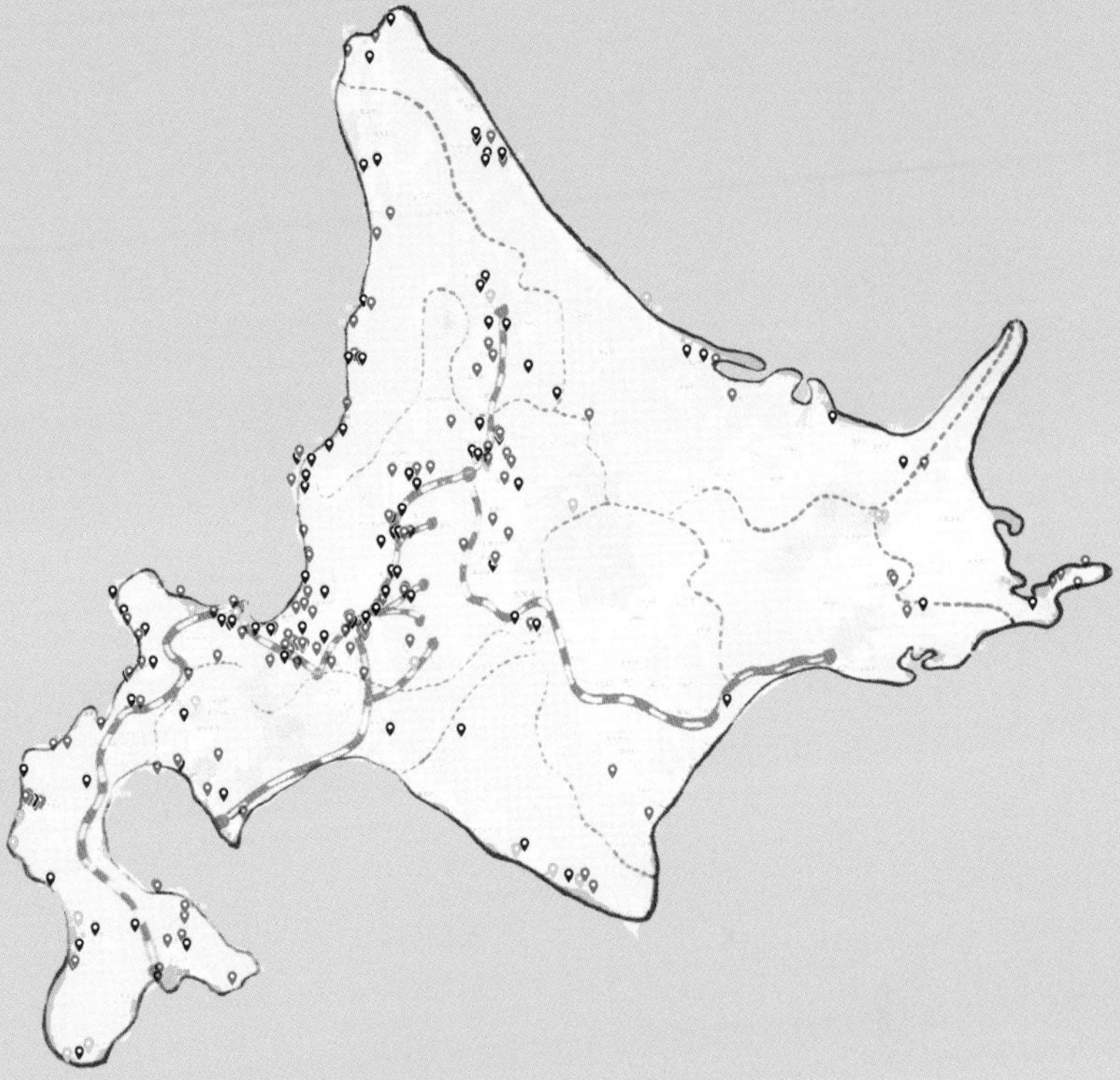

『小樽新聞』（明治四十年十月八日）掲載の「本道鉄道全線」を加工したものに幕末、明治期の「人喰い熊マップ」を重ねた。石狩平野、日本海沿岸、上川盆地に事件が集中している一方で、道東では事件の記録は極めて少ない。

④大正本道鉄道全線

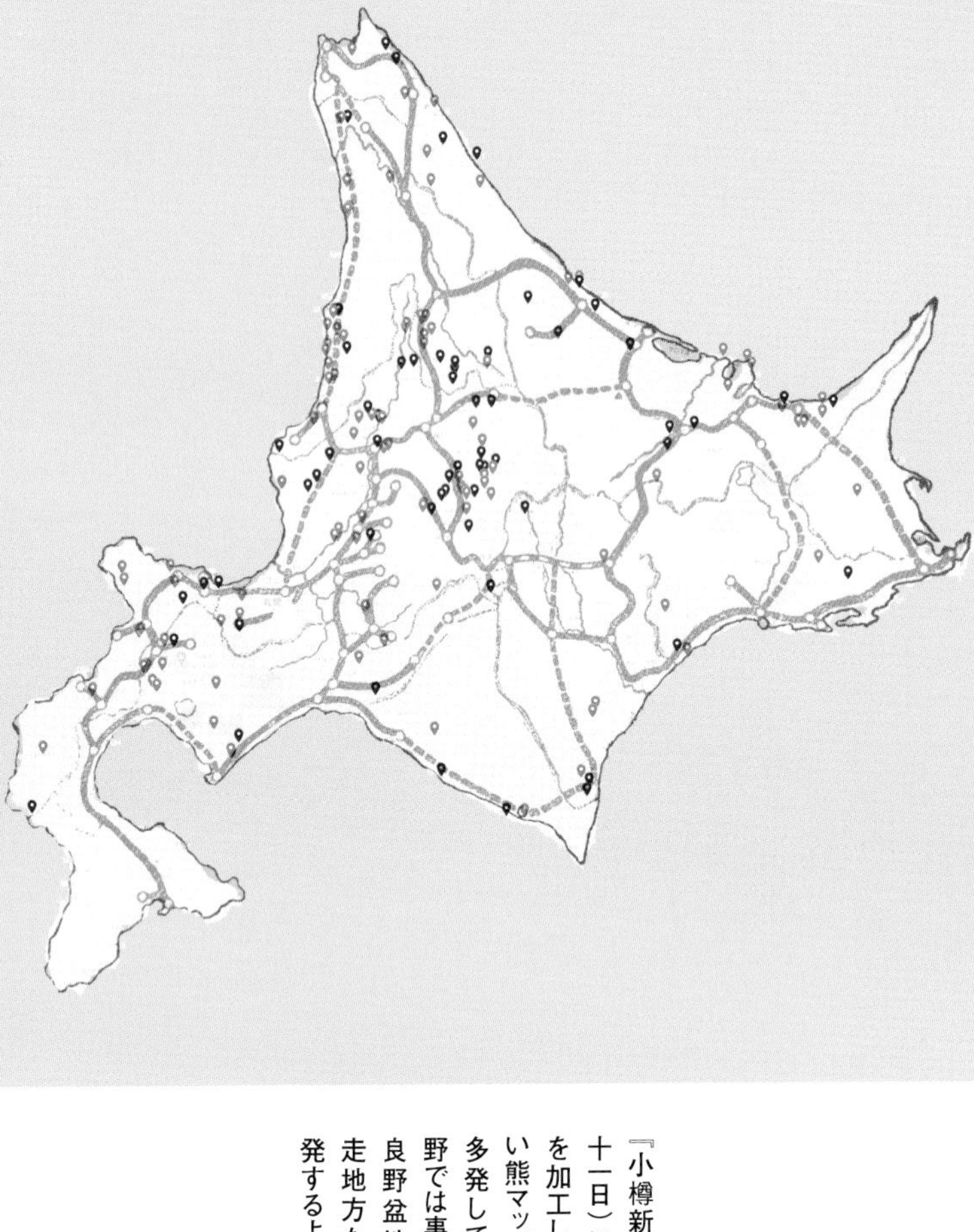

『小樽新聞』（大正十四年十一月二十一日）掲載の「本道鉄道全線」を加工したものに大正期の「人喰い熊マップ」を重ねた。明治期に多発していた渡島半島、石狩平野では事件は影を潜め、上川、富良野盆地、留萌地方、北見、網走地方など、道北部を中心に頻発するようになる。

⑤開発帯

『羆の実像』（門崎允昭）より転載した、北海道における「開発帯」とヒグマの棲息域を示した地図を加工したものに「人喰い熊マップ」を重ねた。門崎によれば、ヒグマの個体群は、三つの「主開発帯」（実線）によって四つに分断され、さらに六つの開発帯（破線）を加えた合計十の棲息域に分断されるという。それぞれの開発帯に沿って殺傷事件が集中している。

⑥遺伝子区分＋地域個体群

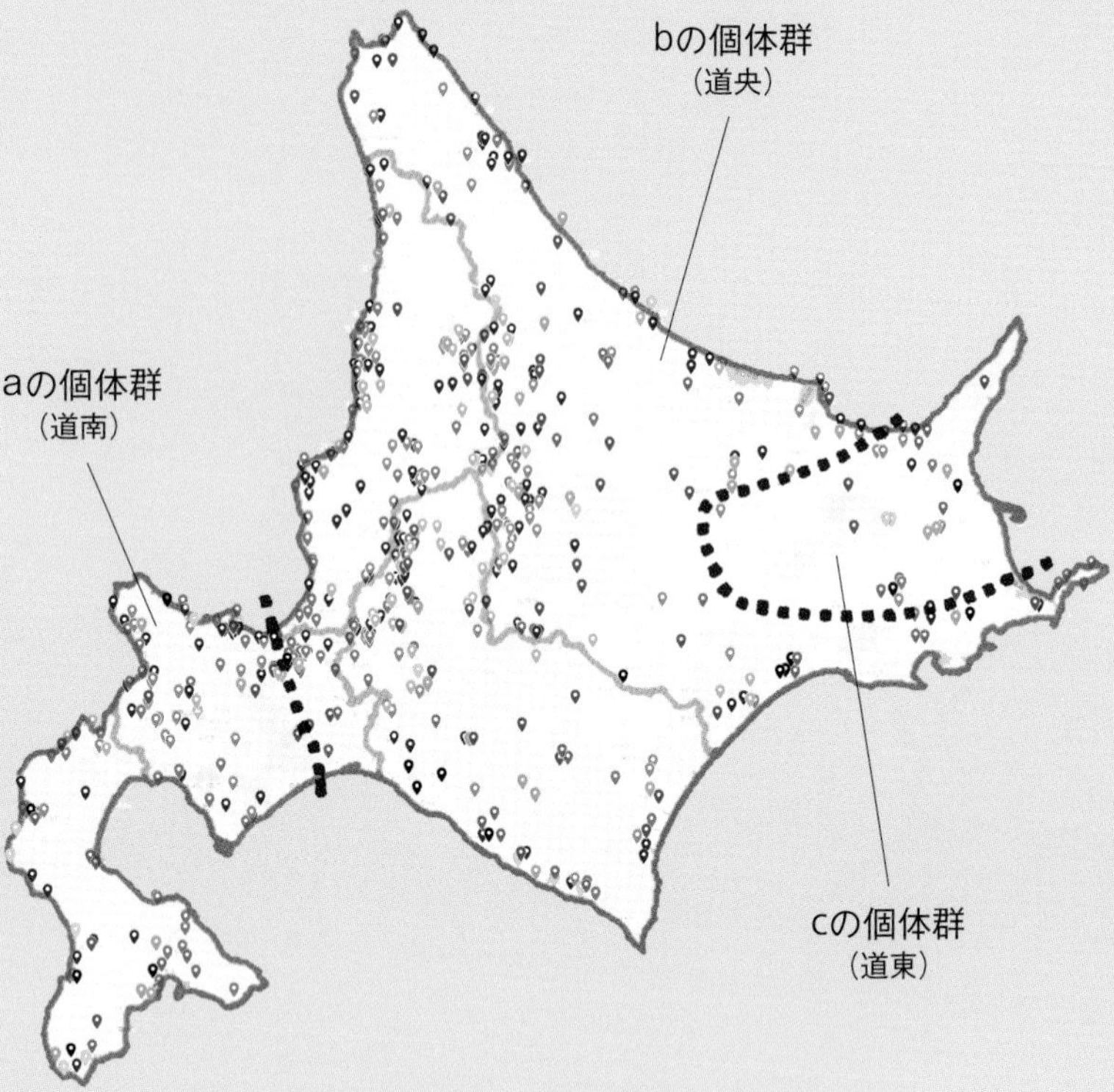

『北海道ヒグマ管理計画』（北海道庁）より、「ヒグマの個体群を五つの地域個体群に区分」した地図と、三つの「遺伝子区分」に分けた地図を加工・合成し、さらに「人喰い熊マップ」を重ねた。個体群の分断線は、鉄道路線とほぼ合致し、この分断線に沿って殺傷事件が起きている。また「cの個体群」（道東）が根釧地方に追いやられ、「bの個体群」（道央）が広大な面積を占有している。

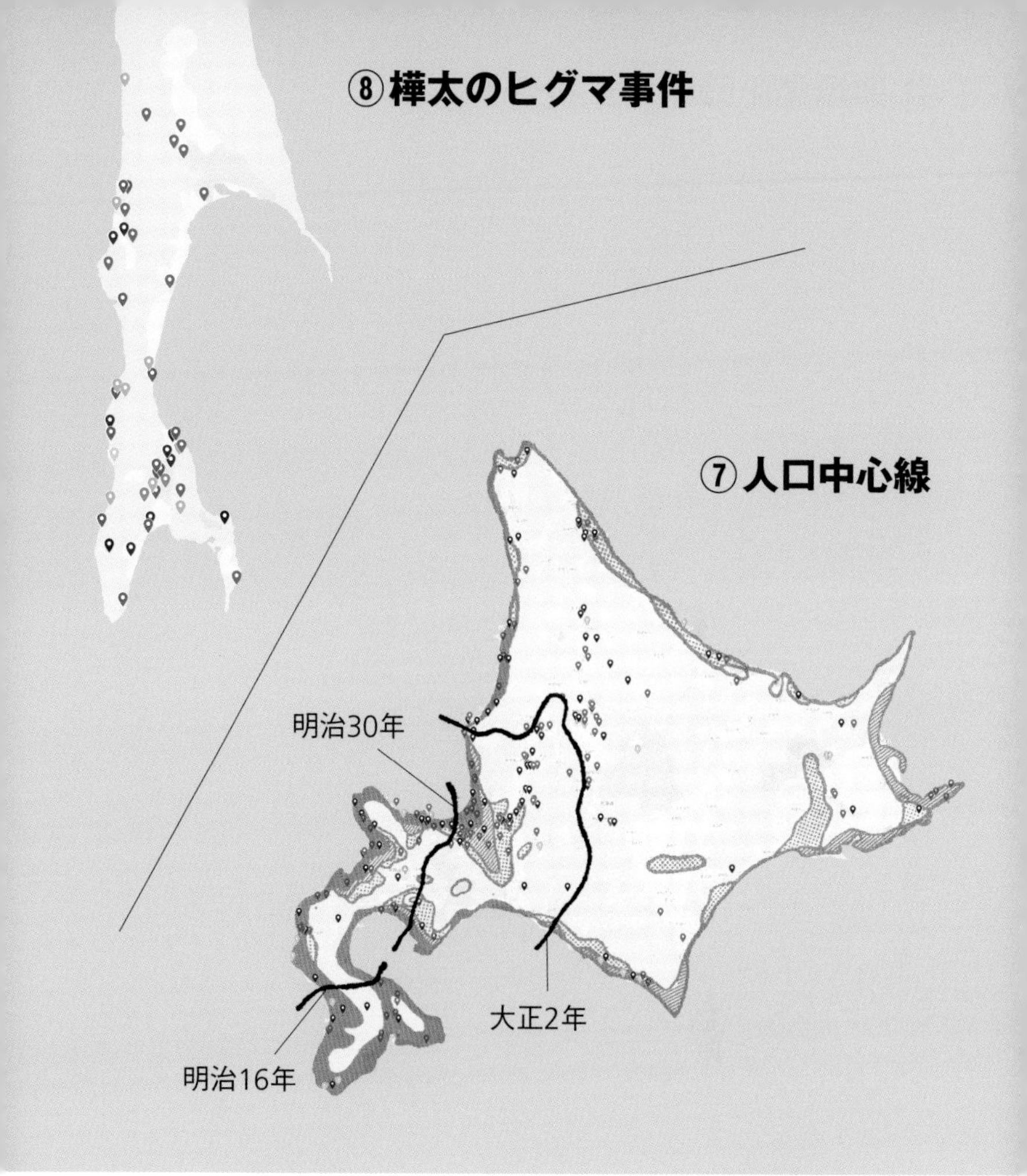

⑦『標茶町史考』掲載の「人口中心線」を示した地図を加工し、幕末、明治期の「人喰い熊マップ」を重ねた。同書によれば、大正二年における全道人口は百八十万三千人で、その半分の約九十万人が中心線の外、面積比で三分の二を占める地域に居住していた。グレー部分は明治二十年までの入植地を示す。

⑧樺太における人喰い熊事件をマッピングした。事件のほとんどが大正期以降に発生し、かつ昭和期に入ると北部に集中し、さらにその多くが凶悪な殺人事件であることに注目したい。

⑨開拓図＋昭和・平成・令和

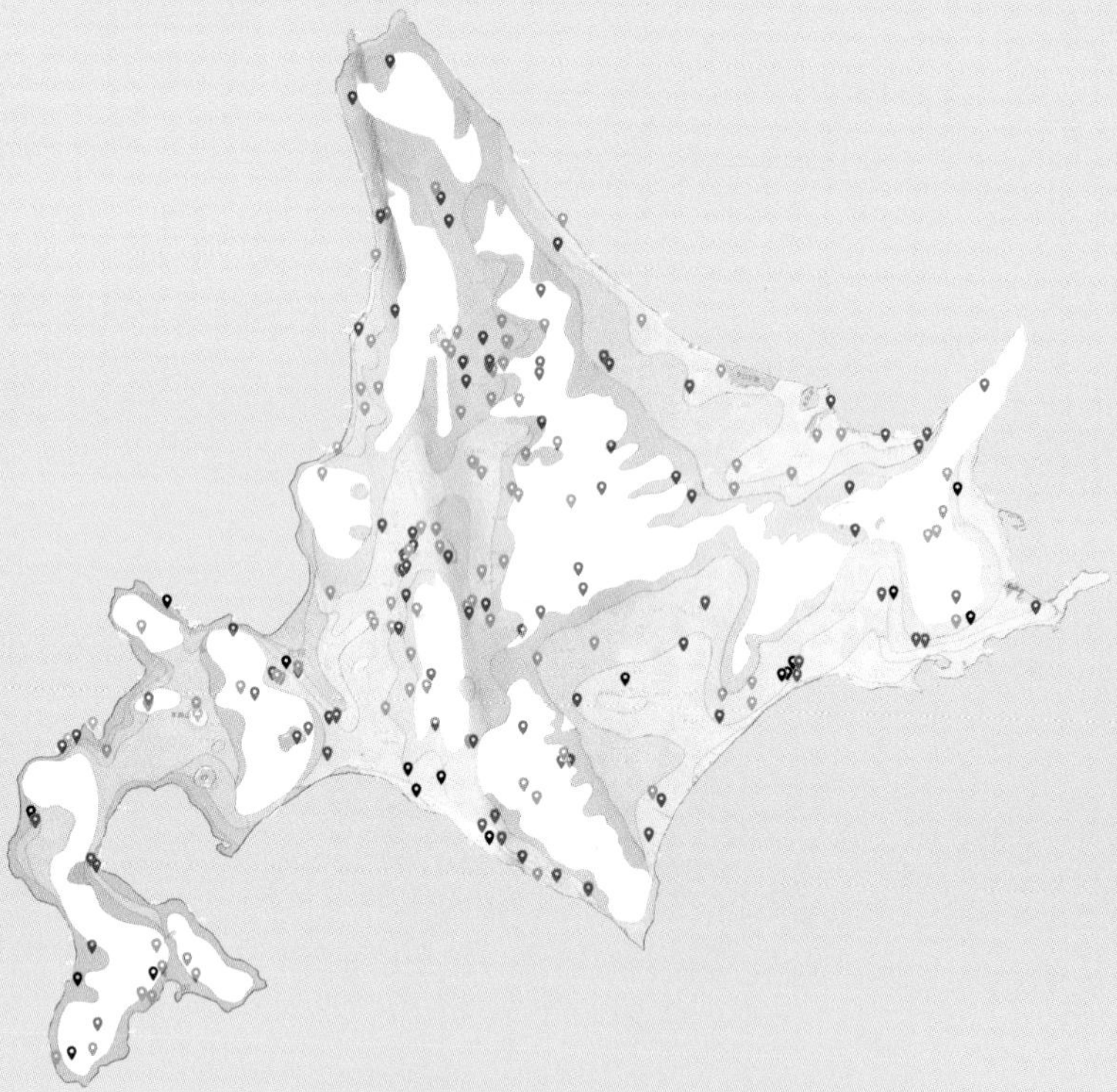

「北海道開拓図」を加工したものに、昭和期（〜終戦）と西暦二千年以降の「人喰い熊マップ」を重ねた。昭和期に全道内陸部に拡がった事件が、二〇〇〇年以降は太平洋沿岸に集中し、これまでとまったく違う傾向を示している。また大正期以降、事件と無縁であった渡島半島でも再発しつつある。

神々の復讐

人喰いヒグマたちの北海道開拓史　目次

序章 歴史に埋もれた人喰い熊
～上川ヒグマ大量出没事件

第一章 明治初期の人喰い熊事件
～石狩平野への人間の進出

第四章 凶悪な人喰い熊事件が続発した大正時代
～三毛別事件余話と最恐ヒグマの仮説

第五章 軍事演習とストレスレベルの関連性
～大正美瑛村連続人喰い熊事件

ブックデザイン　ニマユマ

神々の復讐

人喰いヒグマたちの北海道開拓史

序章

歴史に埋もれた人喰い熊

～上川ヒグマ大量出没事件

二ヵ月で七人の犠牲者

「当麻村、松山猪之助（三四）という農夫が、十六日午後二時頃、自宅より二町程へだたりたる石狩川沿岸の森林において伐材に従事したるまま、おそくまで帰宅せざるより、翌十七日午前四時頃、家人両三人が同森林に至り見たるに、猪之助は無惨にも熊の咬殺に遭い、顔面は滅茶滅茶に咬み裂かれ、左手は切断され腹部に大なる裂創を負い臓腑露出し、見るもいたましき惨死を遂げ居たりければ、（中略）永山村番外地居住の狩猟業者山畑役蔵（三八）は猟銃を肩にし若者五人を引き連れ、ひそかに猪之助の咬み殺されたる森林に忍び至りたるに、一頭の大熊猛然として前方にあらわれ、ツカツカと役蔵等を目がけて飛びかからんとしたる一刹那、役蔵は狙いを定めて射撃したるに、誤たず急所に命中せしかど、熊は猛り狂いて役蔵に飛びかかり銃をもぎ取り、役蔵の右顔面に咬み付き両腕を肩部よりもぎ落とし、胸部腹部とも滅茶苦茶に引き裂き内臓露われ、遂にこれも無惨の最後を遂ぐると同時に、急所の痛手のため熊もそのままその場に息絶えたるより、恐る恐る五人の若者は傍近く進み検め見たるに、丈七尺〔約二・一メートル〕年齢七歳の牡熊なりと」

これは『北海タイムス』明治四十一年十一月二十日からの抜粋だが、まさに壮絶としか言いようのない猛熊《もうゆう》の死にざまである。

明治四十一年といえば、日露戦争大勝利の熱気がいまだ冷めやらず、北海道では青函連絡船が開業するなど、殖民事業が拡大していった時期であった。

この年はまた、ヒグマによる犠牲者がもっとも多かった年として記憶される。

記録が残っている明治三十七年以降で、ヒグマによる死者数がもっとも多い年は、明治四十一年と大正四年（いずれも十四名）だが、大正四年は、かの「苫前三毛別《さんけべつ》事件」（死者七名）があった年なので当然として、明治四十一年には、いったいなにがあったのか。

調べてみると、この年の九月から十一月の、わずか二ヵ月足らずの間に、現在の士別市を中心とした狭い地域だけで、七名もの犠牲者が出ていたことが判明した。

事件の経過を、順を追って見てみよう。

最初の人喰い熊事件が発生したのは、明治四十一年九月二十一日のことであった。

午前十時頃、上士別十線の風防林に一頭の巨熊《おおくま》が現れ、農作物を喰い荒らしているのを、所有者である吉川浪松が発見した。吉川は同行の小作人と共に猟銃で射殺しようとしたが逆襲され、両人とも無惨な最期を遂げてしまった（『小樽新聞』明治四十一年九月二十三日）。

一度に二名が惨殺されるというショッキングな事件に、付近住民は恐慌を来し、すぐに熊狩りが行われた。その結果、上下士別村周辺で合計七頭ものヒグマが銃殺された（『小樽新聞』明治四十一年十月五日）。

この熊狩りの最中に、ヒグマと誤って仲間を銃撃し、一名が死亡、一名が重傷を負うという重大事件が起きたが、それはともかく、九月以降、十数頭が出没していた士別村のヒグマ騒動も、一応の決着を見たのであった。

しかし事件はこれだけでは終わらなかった。

次の事件は十月十五日、士別村から北へ約三里（約十二キロ）の風連村で起こった。熊狩りのため風連村に赴いた猟師が逆襲され、死亡したのである。この事件は白昼に起きたので目撃者も多く、古老の回顧談がいくつも残されている。そのいくつかを挙げてみよう。

「その時下多寄で飲食店をやっていた小林茂太郎という勇敢な男が、熊の前に回って今やまさに鉄砲の引きがねを引こうとした瞬間、猛り立った大熊はウオーッと咆哮するや猛然と小林に飛び掛かり前足で搔い込んでしまった。ソレッと打ち掛かったが下手に打てば小林を打つ。逡巡しているうちに、毒爪は容赦なく体中に突き立てられた」

——『拓北の偉丈夫　近藤豊吉』石戸谷勇吉、故代議士近藤豊吉胸像建設会、昭和十三年

「小林は駅前の運送屋に運ばれ、名寄と士別から医者が呼ばれた。小林の妻は二キロ以上もある家からハダシで駆け付け、その姿はまるで妖女のようであった。小林は妻に「子供は猟師にしてくれるな」と言って息絶えたという（熊談義（十一）上牧芳堂）」

——『銀葉』七十九号より要約

さらに同月下旬には、天塩川上流の山中でアイヌ猟師が喰い殺される事件が、立て続けに二件起きる。

「十勝国河東郡音更村アイヌ山田勘之助（三〇）は、先頃より熊猟のため天塩の山川を跋渉し、大小の熊八頭を獲しが、さらに十五、六日頃、名寄を距る二里余の深山にて巨熊に出会い、見るも無惨の死を遂げたりと」

——『小樽新聞』明治四十一年十月二十二日

「旭川町近文三線二十四号居住のアイヌ、川村フウタルッ（三二）と同人弟、荒井テッヂナイ（三二）の両人は、去月二十七日午前七時頃より熊狩のため天塩川の上流より名寄方面の山中に入り、（中略）熊笹の中より巨熊一頭現れテッヂナイに飛かかりたれば、同人は銃を以て一発の下に射止め、なお奥深く分け入りしに兄フウタルッ所有の銃が五、六十間を隔てたるケ所に捨てあるより、（中略）名寄士別村上士別御料林オタップ山のイシヤ沢の頂にて、ようやく兄の死体を発見したるが、見れば余程格闘せしものと見え、頭部は微塵に砕かれ内臓露出し、両手足のごときも散々咬まれ無惨の最期を遂げおり」

——『小樽新聞』明治四十一年十一月十日

記事中の「フウタルッ」は、アイヌの伝統芸能で知られる砂沢クラの父親クウタルである。彼女の自伝『ク　スクップ　オルシペ　私の一代の話』（福武文庫）に、クウタルが熊に襲われて死亡した経緯が詳細に描かれている。また『芦別夜話』（芦別市、昭和三十八年）にも、ほぼ同様の挿話が語られているが、注目すべきは次の記述である。

「腹をさいて見るとその中から三、四発の弾を見つけ出すことも出来た。このことから考えると相当に人を食べ、又人にいじめられた熊であろうと云う（「二十九話　人を食べた熊」、手塩）」

――『芦別夜話』

この話からすると、前出のアイヌ山田勘之助、あるいは上士別の二名の農夫を喰い殺したヒグマと同一の個体であった可能性がある。殺害現場がいずれも「名寄に近い天塩川流域」であり、三つの事件が、ひと月程度の期間に集中しているからである。

こうして士別村から各地に広がった人喰い熊騒動は、五名の犠牲者を数えることになったが、しかしそれでも事件は終わらなかった。

今度は旭川近郊の農村で人喰い熊が出没し始め、ついに十一月十六日、冒頭に紹介した恐るべき猛熊が出現するのである。

二ヵ月足らずの間に七名もの犠牲者を出すのは、開拓史上でも前例のない大惨事である。なぜこのような重大事件が士別地方に集中したのか。その理由を探ってみると、いくつかの興味深い事実が浮かび上がってきた。

ヒグマの聖地への急激な人口流入

一つ目は北海道開拓との関連である。

『北海道庁統計書』によると、明治以降の北海道の人口は一定して増加し続けるが、殊に明治二十六年以降顕著となり、毎年およそ四万〜六万人の人口が加算されていく。その結果、明治三十四年には早くも百万人を突破した。これを支庁別で見てみると、道東、道北地方での増加が著しく、たとえば前掲記事に出てくる風連村では、明治三十三年に十数戸の集落に過ぎなかったのが、明治四十二年には一千戸、六千人を数えるまでに発展している。新たな開拓民の入植が、千古斧を入れぬ密林にまで及ぶことになり、そこに潜む恐るべき猛獣と接触する機会も急増したのである。

一方で北海道が、世界でもっとも人喰い熊事件が多発する特異な地域であることは意外に知られていない。

ヒグマの棲息地域はユーラシア大陸と北米大陸の広範囲に広がっているが、これらの地域の人口密度は世界でもっとも低いレベルである。例外的に人口の多い欧州では、ルーマニアなど一部の国を除いて絶滅の危機にあり、国土が平坦なイギリスでは、早くも十一世紀頃に最後の一頭が獲殺されたという。

換言すれば、ヒグマと人間が、共に極めて高い密度で併存する、世界でも珍しい地域が北海道なのである。

二つ目の理由として挙げられるのが、士別地方の特殊な地理的要因である。

開拓史上、ヒグマによる被害がもっとも多かった地域のひとつが士別市だが、地図を俯瞰すると、その理由をある程度、推測することができる。

ひとつは石狩川と天塩川の関係である。南流する石狩川と、北流する天塩川が、それぞれの支流、雨竜川と剣淵川で交錯する、その地点こそが士別市である。つまり両方の川を辿って上流に向かえば、おのずと士別市に至るのである。

もうひとつは標高との関係である。北海道北東部を南北に走る天塩山地が、ピッシリ山（千三十二メートル）と三頭山（千九メートル）間の霧立峠（三百八十七メートル）で大きく標高を落とす。この峠を東に下っていくと、添牛内集落、次に温根別村、そして士別の市街地に至る。

最後に石狩平野との関係である。石狩平野の入植が早い段階から進んだため、増毛山地のヒグマは南への道を絶たれ、北上せざるを得なくなった。

これらを総合すると、次のようなことが言えるだろう。

石狩川、天塩川、そして日本海に囲まれた一帯のヒグマが、北海道内陸部に移動するために、もっとも都合のよい通り道が霧立峠である。言い換えれば、この地域を巨大な巾着袋と仮定して、その出入り口に当たるのが士別市なのである。

この地域がヒグマの通り道であったことは、当時の地元民の証言からも知ることができる。

「熊は、奥士別（朝日町）から、士別の川西を経て、南士別、西原、雨竜への通り道であったとも言っていました（「父が残した話題と記録」山口吉高）」

――『けんぶち町・郷土逸話集　埋れ木　第一集』剣淵町教育委員会、昭和六十一年

「おそらく西士別学田から南士別（演武）・イパノマップ、さらに温根別へと熊が通る路であったようです（「さいもん語りと開拓」南條兵三郎）」

――前掲書

文中の西原、学田、イパノマップは、いずれも士別市街と温根別集落の中間に位置する地名である。この熊の通り道はアイヌにとって絶好の猟場であったらしく、次のような古老の回想も残されている。

「毎年春になると、堅雪の頃は定期的に、近文アイヌの人達が剣淵駅で下車し、北兵村経由で藤本～北斗を通り温根別の北線や伊文（犬牛別）の羆《ひぐま》とりのため何組も通りました（「朔北の地に根づいて」浅井隆則）」

——前掲書

狂犬病と人喰い熊

最後にもう一つ、気になる事実を筆者は指摘したい。

それは明治四十年から四十一年にかけて流行した「狂犬病（恐水病）」である。

そもそもの原因は日露戦争の凱旋軍人が連れ帰った洋犬であった。明治三十九年に青森県で発生し、百四十七名が咬まれ、十一名が発症した。その病毒が北海道に飛び火したのである。

「明治四十年五月三十日、北海道室蘭郡千舞別村において一頭の狂犬現れ、同村高橋某女（十二歳）咬傷を受けて同年十月五日発症し同月八日死亡せり、これをもって該道における本病発生の発端とす」

——『狂犬病論』田中丸治平、吐鳳堂書店、大正六年

同年八月、室蘭村在住某の犬が突然発症して自宅から逃げ出し、五里余を隔たった輪西村付近の海岸を徘徊するうちに、多数の人畜に被害を与え、一名が発症した。これ以降、わずか百日と

いう短期間で、道南から道央にかけて「猛烈なる勢い」で席巻し、狂犬等二百五十二頭、撲殺された犬一万三千四百四十二頭、被咬傷者五百二十六名、死亡者二十一名を出す大惨事となった。『北海タイムス』大正三年七月二十一日に、この時の大流行の様子が詳報されている。

「〔恐水病は〕有珠虻田二郡に伝わりて二分され、一は倶知安方面、一は磯谷方面にわたり寿都歌棄島牧を横行し山越郡にて南下、函館区に入り大事に至らず終息せるも、一方、倶知安方面より岩内郡に侵入せしは、岩内町にて数十人の咬傷者を出し、十二月小樽区に入り九十人を咬傷し、翌四十一年には北進、岩見沢より砂川、旭川に至り終息（後略）」

狂犬病は旭川にまで達したのである。

この記録を裏付けるように、明治四十一年八月に、旭川市内の養鶏場で野犬が鶏九十三羽を噛み殺し、数日後に再び五十羽を噛み殺すという事件が発生している（『北海タイムス』明治四十一年八月十九日、八月二十七日）。

ここで狂犬病についておさらいしておこう。

厚生労働省によれば、狂犬病はあらゆる哺乳類が感染する危険があり、発症するとほぼ百パーセント死亡する。主な感染源動物は、イヌ、ネコ、キツネ、アライグマ、スカンク、コウモリ、マングースなどとされている。狂犬病を発症した動物が凶暴性を増すなどの「行動異常」を発現することはよく知られているところである。

前出の『狂犬病論』によれば、「深山幽谷、即ち僻陬《へきすう》の地にても、一度病毒野獣に感染すれば、彼等の間に絶えず流行し、しかして犬より野獣に、または野獣より犬に伝染するものとす」とあり、犬から家畜へ、さらには野生動物へ感染が広がっていたとしてもおかしくはない。もとより明治四十一年の一連の人喰い熊事件が狂犬病によるものかどうかは、今となっては証明のしようがないわけである。

しかし冒頭に挙げた、自らの死の道連れに猟師を八つ裂きにするという、壮絶な猛熊の死にざまを見ると、狂犬病特有の「行動異常」を想起せずにはいられない。

狂犬病を発症したヒグマが原野をうろついていたとすれば、これはもう脅威という他ない。

「人喰い熊マップ」の概観からわかること

筆者は明治十一年から昭和二十年までの、およそ七十年間の地元紙に目を通し、ヒグマに関する記事を拾い上げていった。具体的には次の通りである。

『函館新聞』（明治十一年〜二十四年）

『北海タイムス』（明治二十年〜昭和二十年。旧『北海道毎日新聞』。現『北海道新聞』）

『小樽新聞』（明治二十八年〜昭和十七年）
『樺太日日新聞』（明治四十三年〜昭和十六年）

そして約二千五百件に達したヒグマ関連記事をデータベース化し、その中から人間に危害が加えられた、もしくはその危険があったケースをピックアップして、ネット上のカスタマイズ機能のついた地図にマッピングしていった（ただしヒグマが冬ごもり中の一月、二月は除く。またアイヌの熊祭や、「熊」のあだ名のついた人物や団体、たとえば「熊狩り侯爵」や「鬼熊」、「荒熊部隊」などは基本的に除外した。引用に際しては、表記を常用漢字・現代かなづかいに改めるなど、読み易さのために一部手を加えた）。

また市町村史、郷土史、部落誌、公文書、林業専門誌なども参考にした。

終戦までを一応の区切りとしたのは、後述するように、戦中戦後期の資料が極めて乏しいことによる。さらに昭和三十七年以降は、北海道庁による詳細な統計があるので、新事実を発掘する余地はない。従ってこの期間（昭和二十年〜三十六年の十七年間）については、今後の調査課題としたい。

現代社会は、ヒグマが象徴する大自然を保護、管理する方針でありながら、むしろこれに牙をむかれ、反撃されているように筆者には思える。今回、開拓期の人喰い熊事件を仔細に観察することで、「人間vs.大自然」という生々しい闘争の実態が、より一層鮮明に浮かび上がってくると考えた。

こうして作製した「人喰い熊マップ」を本書冒頭に掲載した。これを俯瞰してみると、いくつかの興味深い傾向が浮かび上がってきた。

まず一つ目に、北海道の開拓が南西から北東へ、沿岸部から内陸部へ進展するとともに、人喰い熊事件も北東へ、内陸へ移行していった事実が挙げられる。

本書冒頭の地図②は『新北海道史』より、「人口中心」の移動を示した地図と、筆者の作製した「人喰い熊マップ」を重ねたものである。

「人口中心」とは、簡単に言えば、北海道を一枚の皿として、その上に移住民があちこちに散らばって居住しており、これを皿回しの曲芸人が杖の先で均衡を保った一点、それが「人口中心」である。

地図では、この中心点の移動を、明治二年から大正九年にかけて矢印で示しているが、北海道の人口中心が道南から道央へ年を追うごとに移動していることがわかる。そしてその動きは、筆者の作製した「人喰い熊マップ」と見事に一致している。北海道の拓殖が北東へ進展するに従って、ヒグマとの係争地も北東に向けて増加しているのである。

同じく『新北海道史』掲載の「北海道開拓図」と人喰い熊マップを重ねてみたものが地図①である。グレーの地域は大正八年までに入植者の手により開墾された地域、つまり「人間の生活圏」である。これらの地域は平坦であり、温暖で豊かな地域である。そしてヒグマに残された生活圏は白い地域、つまり大雪山系や日高山脈、根釧地方など、人の手の及ばぬ険しい山岳地帯に限られている。そしてそのヒグマの生活圏と、人間の生活圏との境界線において殺傷事件が多発していることがわかる。

この傾向は昭和に入ると顕著となり、大規模な森林伐採によって、ヒグマの生活圏はさらに狭められ、殺傷事件は深い山谷で発生する傾向が見られるようになる。

鉄道との関連

地図③は、明治四十年時点の北海道鉄道路線図に、明治期の「人喰い熊マップ」を重ねたものである。

明治の終わり頃までに、南は函館、室蘭、北は名寄、東は釧路までの鉄道網が完成するが、その沿線とほぼ軌を一にして、人喰い熊事件が多発していることがわかる。鉄道網の広がりとともに、人間との競合地域も広がっていったのである。

次に大正十四年における鉄道路線図に、大正期の「人喰い熊マップ」を重ねたのが地図④である。

まず注目すべきは、多くの事件が、旭川を中心とした上川盆地とその周辺に集中していることである。明治三十四年に第七師団司令部が置かれたのを契機に発展を始めた旭川は、北海道開拓の楔ともいうべきものであった。打ち込まれた楔は四方にひび割れを生じさせ、北の士別、東の愛別、南の東川、美瑛等で殺傷事件を引き起こした。ヒグマからすれば、明治以来の撤退に次ぐ撤退から、旭川において一大反攻を試みた、その結果が冒頭の「上川ヒグマ大量出没事件」だったといえるかもしれない。

またこの時期には、道内の主要な鉄道網はほぼ完成しているが、特に北見地方への広がりとともに、同地方の市街地周辺で人喰い熊事件が頻発していることがわかる。鉄道の延伸を契機として、人々の往来が活発になり、また第一次大戦の好景気により移民が急増し、それに伴って薪炭の需要が増えたことなどが理由として挙げられよう。

開発帯による「ストレスレベル」

地図⑤は『羆の実像』（門崎允昭、北海道出版企画センター、令和元年）より転載した、北海道における「開発帯」とヒグマの棲息域を示した地図に、「人喰い熊マップ」を重ねたものである。「開発帯」とは人間の生活圏によってヒグマの個体群を分断する帯状の地域のことである。

十の個体群を分断する境界線の多くが、そのまま鉄道路線であり、「開発帯」が鉄道によって生み出されたことがわかる。そしてその境界線に沿って、まるで活断層に集中する地震源のように、人喰い熊事件が集中している。

これがなにを意味するのかを考えたとき、次の論文は注目に値するだろう。

「人為的な環境変化の中で野生生物への影響が最も深刻だとされる現象の一つに生息地の分断化や消失が挙げられる。近年の研究により、このような生息環境の悪化が生物にストレスを与えていることが示され始めた。例えば、メキシコに生息するクロホエザル*Alouatta pigra*では、連続した森林に生息する個体よりも分断された森林に生息する個体のほうが糞に含まれるコルチゾールの濃度が高く、ストレスレベルが高いことが示唆されている」

――『人為的攪乱と野生生物のストレスについて』嶌本樹、日本獣医生命科学大学獣医学部獣医保健看護学科保全生物学研究分野

ストレスにさらされた飼い犬が、吠える、噛みつくなどの行動を示すことはよく知られるところだが、開発帯に寸断され、ストレスレベルの高まったヒグマが凶暴化したという仮説も成り立ちそうである。

棲息地域で凶暴性が異なる

地図⑥は、『北海道ヒグマ管理計画』（北海道庁）より、「ヒグマの個体群を五つの地域個体群に

区分」した地図と、三つの「遺伝子区分」に分けた地図を合成し、さらに「人喰い熊マップ」を重ねたものである。

北海道のヒグマが三つの系統に分けられることは、よく知られている。『北海道ヒグマ管理計画』によれば、次の通りである。

a……道南（石狩平野より南部）
b……道央（石狩平野より北部）
c……道東（日高、大雪山系より東部）

この中で注目すべきは知床から根釧地方に広がっている「cの個体群」（道東）である。この個体群の棲息域では、他の地域と比べて殺傷事件が明らかに少ないことがわかる。

明治期の「人喰い熊マップ」を見れば一目瞭然だが、道東ではほとんど殺傷事件の記録がない。もちろん道南、道央と比較して人口が少なかったという指摘もあろうが、たとえば根室市は、明治三十三年にすでに人口一万四千人余に達し（『根室市のあゆみ』根室市）、同年の札幌の人口約四万六千人と比べても地方都市として遜色のない規模であったし、十勝の豊頃町などは「明治39年（1906年）には戸数700戸あまり、人口3500人を数える村に成長」（豊頃町ウェブサイト）とあり、現在の歌志内市の人口およそ二千八百人強よりも多いのである。

道東のヒグマは、国後島、択捉島と同系統であるが、この二島もまた、棲息数に比して凶悪事件が極めて少ない。

これらのことから道東、南千島に生息する「ｃの個体群」（道東）は、性質が温順であるといえるだろう。

一方で「ｂの個体群」（道央）は、道北から道央、北見、十勝地方にまで広く分布している。これはなにを意味するのか。

筆者の調べた限りでは、増毛、旭川、紋別を結ぶ線（暫定的に「増毛―紋別ライン」と呼ぶ）より北で、人喰い熊事件が多発している。しかも山中で猟師が襲われるのではなく、人間の生活圏において一般人が襲われ、ひどいケースでは民家に押し入り人間を引きずり出して喰い殺すという、恐るべき凶悪事件がしばしば起きている。従って「ｂの個体群」（道央）は、他の二つと比較して「凶暴な種族」であるといえるだろう。そして後段で述べるように、この「凶暴な種族」は、大正十五年に発生した十勝岳の噴火を契機に、道東地方に広く進出したと思われるのである。

ところでもうひとつの「ａの個体群」（道南）はどうだろうか。

道南のヒグマは、かつて本州に生息したヒグマとＤＮＡが近似しているという調査結果がある（『本州にかつて生息していたヒグマの起源の解明』山梨大学医学部総合分析実験センター・瀬川高弘講師、東京工業大学生命理工学院・西原秀典助教、国立科学博物館地学研究部・甲能直樹グループ長らの研究グループ）。彼らはサハリンから南下して、その一部が本州にまで到達した。

本州のヒグマは巨大であった。体長は優に三メートルを超え、「肉食性が非常に強かった」（前掲書）という。つまり「ａの個体群」（道南）にも「凶暴な種族」の血が受け継がれているのである。

また、同書に記載されているヒグマの「ミトコンドリアＤＮＡ解析に基づく系統樹」によれば、「ａの個体群」（道南）と「ｃの個体群」（道東）は、それだけでほぼ単独の系統を作るが、「ｂの個体群」（道央）は、サハリン、アラスカのヒグマと近似しているという。サハリン（樺太）のヒグマが凶暴であることは、後に述べる通りである。


これまで人喰い熊事件は、個々の事件が別個に扱われ、他の事件との関連が論じられることがなかった。いわば「点」としてしか認識されてこなかったのである。

しかし多数の事件をデータベース化することで、時間軸という「線」として、さらに地図上に配置することで「面」として、立体的に各事件を関連づけることが可能となった。

その結果、いくつかの事件が同一個体によるとしか思えないケースが、いくつも浮かび上がってきた。

人喰い熊は希少な存在

北海道野生動物研究所所長、門崎允昭教授によれば、「1970年～2018年末迄の49年間に、北海道で猟師以外の一般人が羆に襲われた事故の年間の平均発生件数は、1・2件である」(『羆の実像』)という。これをもとに、ヒグマの棲息数を二千～三千頭として概算すると、だいたい一千六百～二千五百頭に一頭が、いわゆる「人喰い熊」ということになる。確率で言えば、〇・〇四～〇・〇六%と極めて低く、同一個体である可能性を示す根拠となる。

もちろん本書で取り上げた事件の多くが百年以上も前のことであり、関係者は鬼籍に入られ、物証もほぼ存在せず、今となっては状況証拠のみによる推測でしかない。

しかしその可能性はある。そしてその可能性を論じるのは、後世を生きる私どもの特権であると筆者は考えたい。

前出の『北海道ヒグマ管理計画』が象徴するように、現代のヒグマは人間の管理下に置かれる「保護すべき動物」のひとつに過ぎない。しかしつい数十年前までは、開拓民が生死をかけて戦う、経済的動機から言えば「その価値のある」唯一の野獣であった。

村田銃一挺を提げて山に入る猟師は、村の英雄であったし、その旧式ゆえに、血湧き肉躍る数々の武勇伝が生まれた。少なくとも、人間とヒグマは対等であった。

現在、ヒグマに関する専門書はいくつも出版されているが、開拓時代に発生した殺傷事件を主たるテーマとした書物はほとんどないと言っていい。

本書において筆者は、新聞記事をはじめとした膨大な資料から、北海道の開拓がヒグマに及ぼした影響を解き明かし、ヒグマが生活圏を奪われ、次第に凶暴となり、ついには「人喰い熊」化していく過程を考察する。

そして改めて問い直したい。

人喰い熊は悪なのか。

それとも大自然を食い潰す人間こそが悪なのか。

第一章

明治初期の人喰い熊事件

～石狩平野への人間の進出

開拓黎明期の人喰い熊事件の特徴として、日本海沿岸で多発したこと、そして石狩平野で多発したことが挙げられる。これらは移住人口の増加と、その北進に強い相関関係を示している。本章では、当時発生した象徴的な事件「薬缶熊事件」「丘珠事件」とともに、その考察を試みる。

ニシン漁の興隆

明治初期における「人喰い熊事件」の記録は極めて少ない。明治十一年一月創刊の『函館新聞』は道内初の新聞だが、一年に数回、散見される程度であり、読売新聞、朝日新聞など全国紙では数年に一度に過ぎない。

その中で集約的に調べることができるのが、『開拓使公文録』である。同資料には、江戸末期から明治十七年に発生した事件が収録されているが、それらの中から、現代語で要約していくつか拾ってみよう。

「安政五年八月十九日昼頃、樺太のクシュンコタン（大泊）から木挽きのため、当月初旬以降、働きに来ていたエタイヒッテ（三十八歳）が一昨日昼、所用でシヨニ村に行きたいと、役アイヌのサトロキに申し出があり、早朝自宅を出立して翌日には必ず帰ると同人が言うので差し許し、出立したが、翌日になっても戻ってこないので、今日二十一日昼過ぎに、サトロキが迎えに出た途中、字ホロフウカラに、エタイヒッテ所持の鎗が、穂先が折れて身に血が付着したものや、その他火打ち石等が所々に散乱していたので、驚いて浜辺を捜索したところ、同所から三、四丁ほど山手の方の竹生の中に、首半分ならびに左右の手首、衣類帯などが切れ切れになって発見された」

――『安政五年　臨時御用留　ウショロ附』

「明治五年九月十八日、樺太の東海岸、東富内イヌヌシナイ村の役アイヌ幕内の妻シュエッテは、娘ココンナと一緒に、厚子（アイヌの織物）を作るためのからむし様の植物を同所の山中へ取りに出かけたところ、猛熊に出逢い、シュエッテは喰い殺され、ココンナは頭に掻傷を負ったが、なんとか逃げ帰って村人に通報した。村は大騒ぎとなり、すぐに居合わせた者等三人で現場へ駆けつけたが、加害熊は逃げ去ったあとで、死骸を捜索したところ、首と片足だけ見つけることができた。後の報告書によると、ココンナも死亡してしまったという」

――『樺太支庁簿書抄録』明治五年

「北海道北見国宗谷というところで炭焼きを渡世にしている南部七之助は、去年の十二月宗谷郡ウエレナイという山へ登る途中に大きな熊がいて、七之助を見るより早く飛びつき難なく嚙み殺して、すでに喰いにかかるとき、これも炭焼きをしている音三郎という者が通りかかり、それを見るなり驚いて逃げ出すと、熊はまた怒って音三郎の顔へ四カ所の爪疵を負わせましたが、一心不乱に宗谷まで逃げ帰り、このことを村の者に話すと、めいめい鉄砲や手槍、毒矢などを持って、三十人あまりがウエレナイ山へ登り、血の垂れてある道をつけてだんだん奥へ入ると、「それあそこにいた打ち殺せ」という掛け声に、めいめい得物を出して、ついにその熊を打ちとりましたが、七之助の死骸は、もはやその熊に左の腕を喰われてしまったというが、哀れな死を遂げました」

——『読売新聞』明治九年二月二十二日

これら三つの事件は南樺太と宗谷、つまり日本最北部の沿岸で発生しているが、当時の人喰い熊事件の特徴として海岸部、特に日本海沿岸に殺傷事件が集中していることが挙げられる。冒頭の「人喰い熊マップ」を概観しても明らかな通り、渡島半島南部から稚内まで、まんべんなく発生している。この傾向は大正期に入っても続き、殊に留萌地方に集中するようになるが、これには明確な理由が求められる。

すなわち鰊漁との関連である。

「漁業出稼ぎから移住定着への具体的な過程は不分明なところが多いが、東北日本海沿岸諸村漁民の出自は北陸諸村に集中しているといわれており、北海道はこの漁民北漸の終着点がさらに北へと移動したものと考えられるのである。（中略）近世末より明治初期における北海道への人口吸引原因の最大のものは、漁業なかんずく鰊漁であったと考えられる。それは西海岸一帯に漁村を形成させたが、その鰊漁がしだいに薄漁になるにつれて、かつて栄えた集落が凋落し、漁業者はあらたな漁場を求めて移動した」

——『新北海道史』昭和四十四年

鰊漁場は水揚げを漸減させながら徐々に北上していくという「北漸傾向」を示し、「それが典型的にみられたのは、西海岸南部から北部へかけての移動であり、その動きは樺太および北見沿岸におよんだ」（前掲書）

つまり鰊漁の北上とともに人口も北上し、ヒグマによる殺傷事件も北上していったわけである。

温暖な西斜面で活発化

さらに詳細にマップを観察してみると、もうひとつ興味深い傾向が指摘できる。

人喰い熊事件が西海岸（つまり日本海側）で多発しているのと同様に、内陸部でも西斜面で多発しているのである。たとえば石狩平野における夕張山地の西斜面、富良野盆地における大雪山系の西斜面、太平洋岸の日高沿岸、胆振地方の噴火湾周辺などである。

殊に顕著なのは積丹半島である。ここは昔から「熊の巣」といわれ、札幌に育った筆者も子供の頃からそう聞いていた。しかしマップを俯瞰してみると、人喰い熊が出没したのは、半島南西部の神恵内村、泊村であり、北部の積丹町、古平町では、筆者が把握している限り殺傷事件は一件しか起きていない。

これについても明確な理由が求められる。

要するに南西斜面は日当たりがよく温暖であり、従って植生が豊かであり、ヒグマがエサとする動植物もまた豊富なのである。ヒグマの好物であるヤマブドウ、コクワは日当たりの良好な場所を好むとされるし、イタドリ、クロユリなども同様である。

猟師もまた経験的に、そのことを知っていたようである。


「クマの生息地には必ずと言って良いくらいドングリの大木が群生している場所である。春先に捕獲されるクマの胃袋の中に2キロも3キロもドングリの実が消化もせずに残っていることがあると聞く。クマが冬眠するために必要な栄養分を皮下脂肪に貯える源は北海道の場合ドングリの実が主体と思われる（「ヒグマ駆除後記」留萌支部事務局長・宮腰剛志）」

——『猟友会報』第二十六号、平成元年八月

ドングリを果実とするブナ系の樹木もまた、日なたでよく生育するとされる。

もうひとつ注目すべきは「斜面温暖帯」という現象である。


「通常は標高が高くなるほど気温が低下するが、冬の筑波山では中腹の気温がふもとよりも暖かくなる気温の「逆転現象」が起こる。「斜面温暖帯」と呼ばれるもので、筑波山の南斜面から西斜面にかけて、標高約200mから約300mのベルト状に気温が麓より2～3℃

高い場所をいう。通常、標高が１００m上がると、気温が約０・６℃ずつ下がる。ところが山の中腹では、放射冷却現象で冷やされた地表近くの空気が、斜面を下り降りる山風となり、上空の暖かい空気を引き下ろすため、結果として麓よりその周辺が暖かくなる」

――『つくば新聞』 http://www.tsukubapress.com/mtnature.html

海岸沿いに吹く、いわゆる「陸海風」は、晴天の日に発生し、日中は海から陸に吹き込む海風となり、夕方以降に陸から海に吹き出す陸風となる。

これは陸地と海上との間に気圧差が発生するためで、朝日が差して陸地が暖まると上昇気流が発生し、気圧が低くなるので海から空気が流れ込み（海風）、夕方になって日差しが弱まると陸地の気温が下がり、下降気流が発生して気圧が上昇し、より気圧の低い海上に向けて空気が移動する（陸風）。

北海道の日本海沿岸は総じて山がちであり、海抜が一気に上昇するので、「斜面温暖帯」が発生する可能性は高いのではないだろうか。

このような条件のよいエリアをめぐっては当然、闘争が起きるだろう。そして体格に優位な個体が独占することになり、貧弱な個体は敗北し、屈辱と空腹を抱えて人里に出没することになる。

しかし、闘争に勝利した個体も、開拓の進展とともに徐々に人間に侵蝕され、駆逐されていく運命にあった。

次に紹介する「薬缶熊」の挿話は、鰊漁で知られる江差で発生したという。開拓時代のヒグマの笑い話として道内各地で面白おかしく語られているが、その「元ネタ」と思われる記録を今回発掘したので、以下にご紹介しよう。

道民に親しまれた「薬缶熊」事件

郷土史家、長尾又六による『根室のやかん熊』は、次のような物語である。

根室にアイヌの老夫婦がいた。ある日、爺が用事で出かけたので婆が留守番をしていると、夜になって戸口で物音がする。爺が帰ってきたものと思いきや、姿を現したのは猛々しい大熊である。熊は取って喰わんと迫るが、婆は炉辺を逃げ回り、業を煮やした熊が一気に飛び越えようとした刹那、煮えたぎる薬缶に足を突っ込んでしまう。熊は熱さのために暴れ狂い、柱に打ち付けるものだから、薬缶がペシャンコになり、さらに抜けない。ついに小屋を飛び出して逃げてしまう。

翌朝、爺が戻ると、小屋の周りに熊の足跡が点々とあるので、てっきり婆は喰われたものと観念したが、あに図らんや婆は元気で、事の顚末を爺に話す。爺はさっそく銃を提げて熊の跡を追い、見事に撃ち止めた。

長尾によれば、この話は根室郊外の穂香集落で実際に起きたことであるという。
一方で北大名誉教授、高倉新一郎は、この話の原点は江差で起きた事件ではないかという。

「薬缶熊の話もまたそうである。人家を襲った熊が、炉辺の彼方の人に飛びかかろうとして、炉にかけてあった薬缶に足をつっこみ、ビッコを引き引き逃げ去ったが、火傷で弱っていたのと、異形な足跡から難なく退治された話は、明治初年、根室近在で起こった事件として、その地方の郷土史家長尾又六氏によって伝えられているが、同じ薬缶に足をつっこみ、火傷をした足に薬缶をはいて逃げた熊の話は同じ名で、やはり明治初年江差付近であったことして聞いたことがある。この時は、熊が歩くたびに足の薬缶がカラカラと音を立て、二晩か三晩、付近の人をさわがせたと聞いた」

――『熊の話』観光社、昭和二十五年

『小樽新聞』連載の「熊の話」（昭和四年十月九日、十日）にも同じ内容の記事がある。こちらは虻田郡東倶知安村の藤竹雄による物語であるが、状況設定や描写がより具体的で信憑性が高いように思える。

「これは今から四十年程前、石狩におこった話である。

そこは石狩川の上流、昼なお暗い大密林地帯であった。木材を流送する人夫五人ばかりが、ほんの雨しのぎの小さな草屋を立てて寝とまりし朝出かけると夕方近くに帰るのが常であった」

ある日のこと、仕事を終えて戻ると家の中がひどく荒らされており、飯びつといわず鍋といわず、あらゆるものが目茶苦茶に散らかっていた。さらにこれまで見たことがないほど大きなクマの足跡があった。一同相談の上、一番年寄りの、熊には少々経験のある一人が残って番をすることになった。

次の日の夕方、第二の事件が起こった。留守番の老人が乱れた小屋の中で血みどろで倒れていたのだ。朝早くやられたものとみえ、すでに冷たく固い死体となっていた。

一同は驚愕と同時に恐怖で蒼白となった。

どうにかして仇をとりたいが、なにしろ人に手向から熊であるから容易なことでは討ち取れない。そこで土間の真ん中に沢山の火を熾して焼灰をこしらえ、熊が入ってきたらスコップでこれを熊の顔に打ちつけて目つぶしをかけ、ひるむところを斧で切ってかかろうということになった。

翌日、準備万端整えて待っていると、朝の十時頃、果たして「バサリ、バサリ」と柴をかきわけてやってくる音がする。戸板の破れ目から覗いてみると、その熊の大きいこと大きいこと、まるで大岩石のような奴が「ズシリ、バサリ」とやってくる。爛々とした眼光の鋭さは周囲を圧する物凄さである。今までの意気込みなどどこへやらで、みな一目散に屋根裏に逃げ上がった。

「入ってきた熊は、そのするどい眼を何か御馳走でもないものかときょろつかせているうちに、焼灰の傍に置いてあった大形の銅薬缶を見つけて、中に熱湯の入っているのも知らず、ふたを取ってあるのを幸いとばかり、のそりと、その太い前足を突っ込んだからたまらない。流石に厚い皮を持った熊の手も熱湯にはたえ切れなかったものか、いきなり手を引こうとしたが、指にふれまいとして開いて引いたため薬缶はそのまま熊の手について上がった。そのうちには熱さはますます募る。熊の方では薬缶が生きているもので故意に食いついているとでも思ったらしく、指をますます開くので薬缶は更に離れない」

堪えきれなくなったクマは薬缶を丸太柱に打ちつけ始めた。熱湯が焼灰に飛び散って灰神楽が立ち上り、息が詰まるほどである。打ちつけられる薬缶は、岩をも砕くばかりのクマの怪力にペシャンコに潰れ、すっかり熊の手袋のようにくっついてしまった。さすがのクマももう敵わぬと、薬缶のくっついた足を引きずって外へ飛び出した。

屋根裏の人夫等は初めて生き返った思いで下りてきたが、自分たちでは到底手に負えぬということで、クマ取りのアイヌに頼んだ。頼まれたアイヌは、薬缶のついた足で歩く一風変わった足跡をつけていき、間もなく討ち取ったという。

これが「薬缶熊」の元ネタとなる物語であると筆者も思った。

しかしなんと、さらに古い記事を見つけたのである。

それは明治十六年の『読売新聞』で、薬缶を踏み込んだのが後脚だったりと細部は異なるが、状況からみておそらく同じ事件と思われる。以下に現代語訳してみよう。


「旧開拓使の所轄船、箱館丸の運転手、植田直勝氏が、先月上旬同船に乗り組み、北海を航行のみぎり、函館のある一湾へ投錨したが、日も西山に入った頃、二、三百名のアイヌが山中へ集まり、ときのこえを作るので、同氏は何事かと心安まらぬまま眺めていたが、間もなく所々にかがり火を焚き、その夜は一同がそこに明かした様子であった。翌朝になって、一頭の大熊を前後より取り囲み、その勢いは山も崩れるばかりで、見る見る浜辺へ追い出して、遂に打ち止めたので、植田氏は始めて熊狩りであったかと悟り、心が落ちついたので上陸して、群がるアイヌを押し分け、件の熊を窺い見ると、左の後脚には薬缶を穿ち、体内には八箇の弾丸をうずめていた。あまりの珍しさに、傍らのアイヌに、いかなる熊かと問うてみると、アイヌの答えていわく、「この熊は今から三年前に在所の山番を喰い殺した時、近傍の者どもが跡を追った際に、逃げようとして炉に掛けてあった薬缶に脚を踏み込み、そのまま影をかくしたが、今に至るまでその薬缶が取れなかったので、里人は皆、この熊を薬缶熊と唱えて恐怖していたが、このごろまた名主の祖母を喰い殺したので、腹立たしさに一同、申し合わせて、このように熊狩りを催し、首尾よく打ち殺したのだ」と物語ったという。後にこの熊の皮を剝いでみると八畳敷ほどあったという」――『読売新聞』明治十六年二月十七日

「丘珠事件」の知られざる事実

令和三年六月に札幌市内の住宅街にヒグマが出現したニュースは、北海道民に大きな衝撃を与えた。

実は筆者はヒグマが徘徊していた東区の出身で、現地には大いに土地勘があるのだが、あの住宅街のど真ん中に、飼われていたのではない、完全な野生のヒグマがうろついていたというのは、まったく信じられない出来事であった。

それはともかく、この事件で再び脚光を浴びたのが、明治十一年に起きた「丘珠事件」である。なぜこの事件が日の目を見たのかというと、「東区にヒグマが出たのは、丘珠事件以来、およそ百五十年ぶりではないか」という一部の報道がなされたからである。

本州ではあまり知られていないと思うので、事件の経緯をかいつまんで説明すると、明治十一年一月、札幌市内の山鼻村で穴熊狩りをしていた蛯子勝太郎がヒグマに逆襲されて死亡した。ヒグマは冬ごもりから目覚め、「穴持たず」となって徘徊を始めた。「穴持たず」とは、冬ごもりで

きなかった熊のことで、空腹を抱えているため極めて危険とされる。
ヒグマは平岸、月寒を経て北上し、丘珠村の開拓小屋に乱入。戸主の堺倉吉と長男留吉を喰い殺し、妻リツならびに雇い人に重傷を負わせ、翌日熊討獲方に射殺された。加害熊は札幌農学校(現・北海道大学)に運ばれて剝製にされ、胃から出てきた被害者の手足のアルコール漬けとともに附属植物園に長らく展示された。
北海道帝国大学教授で動物学者の八田三郎による『熊』(明治四十四年刊)に、事件の様子が詳細に記されている。発生日時については、後述する通り後年、議論となったが、そのまま引用してみよう。

「明治十一年十二月二十五日の当夜は非常な雪降りであった。師走の忙しさに昼の疲れもひとしおで、炉に炭を焚きたてて安き眠りに就いた。一睡まどろむ間もなく、丑の刻と思しきに、暗黒なる室内に騒がしき物音がした。倉吉は目を覚まし「誰だッ」と云う間もあらず、悲鳴を挙げた、やられたのだ。妻女は夢心地に先ほどからの物音を聞いていたが、倉吉の最後の叫びに喫驚し、裸体のまま日も経たぬ嬰児をかかえて立ち上がった、この時背肌にザラッと触れたのは針の刷毛で撫でたような感じがした、熊に触れたのだ」

妻女は夢中で戸外へ逃げ出し、伏古川の向かいに住む雇い人、石沢定吉に助けを求めた。この時すでに主人と嬰児、さらに別の雇い人が食われていた。

翌日、熊討獲方が到着すると、倉吉は原形を止めないほどに食い荒らされていた。程なくして山林に潜んでいたヒグマが討ち取られた。身の丈六尺三寸（約百九十センチ）のオスの成獣であった。

一方で、『新版ヒグマ　北海道の自然』（門崎允昭・犬飼哲夫、北海道新聞社、平成五年）では、事件発生日は明治十一年一月十七日となっていて、その経緯も若干異なる。

事件発生の数日前に、円山と藻岩山の山間に熊撃ちに行った猟師、蛯子勝太郎が咬殺され、ヒグマはそのまま「穴持たず」となって徘徊を始めた。開拓使は熊撃ちに命じて追跡させたが、白石村から雁来村に来たところで吹雪に阻まれて断念した。このヒグマが堺倉吉一家を襲ったものだという。また堺家の雇い人は女性で、妻女とともに逃れたことになっている。

生き延びた妻女は「利津」といい、当時三十四歳であった。南部の生まれで、十九歳の時に、当時まだ蝦夷と呼ばれていた北海道に渡り、堺倉吉と同伴して内地に帰ろうとしたが、箱館戦争に阻まれて引き返し、「当時大森林であった札幌の附近」に住むことになった（前掲『熊』）。

札幌市東区の札幌村郷土記念館が編纂した『東区今昔3　東区拓殖史』（昭和五十八年）には、明治初期に札幌村（現在の東区）に入植した開拓団の人名が詳しく記載されている。明治四年の『札幌郡丘珠村人別調』に「堺倉吉」の名前があった。

第十六番
堺　倉吉　三七
妻　利津　二九
女　政　二
母　喜都　六五

この資料によれば、事件当時、倉吉は四十四歳、利津は三十六歳だったことになるが、後に触れるように「数え年」だろう。倉吉の母喜都については、記録では触れられていない。また「女政」とあるが、ヒグマに襲われたのは男児であったので、両名とも事件前に死去したのかもしれない。

当時の丘珠村は鬱蒼とした原生林だったようで、明治十二年に同村を訪れた開拓使物産局員の備忘録に、「石狩街道にて可や道幅広く開きあるも、両側大樹のため旅行者は熊害をおそれる程の有様にて、毎月大木を伐倒し、これに火を移しその焼失するを待ち開墾する態の始末、実に未開の形そのままなりし」（前掲『東区今昔3　東区拓殖史』）とある。

この丘珠事件が、いつ起こったのかについては、「一月」か「十二月」かで長らく議論が交わされてきた。その理由は、前出の八田博士が丘珠事件の三年前に起きた、極めて似かよった事件と混同してしまったことによるらしい。

その事件とは以下のようなものであった。

「1875年12月8日、虻田郡弁辺村（現豊浦町）の山田孝次郎宅に1頭のヒグマが侵入し、同家に寄留している関川善蔵を咬殺し、孝次郎の長女と、同じく同家に寄留する亘理慶蔵の母に傷を負わせた。ヒグマは岡田伝次郎とアイヌの猟師たちによって銃殺された」

——『ヒグマ大全』門崎允昭、北海道新聞社、令和二年

二つの事件は民家に猛熊が侵入したことや、被害者の人物構成がやや共通しており、発生日時も「明治八年十二月」と「明治十一年一月」で、なんとなく似ている。混同しても無理からぬところではある。

この議論は、昭和五十六年に道職員であった安田鎮雄が当時の警察資料を発掘したことで終止符が打たれた。その資料というのは以下の文書である（現代語に意訳）。

「警察課　札幌警察署

本月十一日、山鼻村において当地寄留の蛯子勝太郎を殺害、喰い殺した悪熊を討ち獲った者より申し付けられたところによれば、本月十二日に右熊は、平岸村より月寒村および白石村を経て雁来村で足跡を見失ってしまったが、本月十八日、丘珠村居住の堺倉吉の小家へ乱

入、戸主倉吉並びに同人長男留吉を殺害、他に二人へ重傷を負わせ（後略）」

――明治十一年一月十九日（取裁録　警察課）

追跡の経緯に関しては、榊原直行の『諸世雑記』にも記録されていて、「明治十一年十《ママ》月十七日、円山村にて炭焼小屋の屋根より突然飛出し、（中略）佐々木直則、武田義勝、榊原熊太郎三人にて出張のところ、打ち合わせの通り足跡を踏み辿り、この時は最岩獄中腹を登り、坂を下り川を越え、真駒内の方へ上がり、月寒坂下林に入り」などと記録されている。佐々木、武田、榊原は「熊討獲方」に雇われた白石村の士族である（『士族移民北海道開拓使　貫属考のⅡ』中濱康光）。

さらに『丘珠百二十年史』（「丘珠百二十年史」編纂委員会、平成三年）中の「「人食いグマ事件」真相の真相」で、著者の細川道夫が堺家の位牌まで確認して調べた結果、事件は明治十一年一月十八日未明に発生し、位牌に記載されていた「明治十年十二月十六日」は旧暦（太陰太陽暦）であると結論している。発生日時に混乱が生じたのは、新暦（太陽暦）が庶民の間に浸透していなかったので、生き残った妻リツも旧暦で語ったためではないかとしている。これはかなり説得力がある。

しかしである。

今回、筆者は当時の読売新聞が、同事件を報じているのを発見してしまった。以下はその転載である。

「一昨日の新聞に北海道札幌辺へ熊が出て人を嚙み殺した事を出しましたが、またくわしい知らせに、その熊をよくよく探すうち先月十七日の晩に、また札幌在岡珠村の酒井倉吉の家へ暴れ込み、無慚にも倉吉と子供を一トロに嚙殺し手も足も離ればなれで家の中は血だらけ、その上にまた女房へ嚙みつき大疵を受けその物音に驚いて隣から駆け付けた男も同じく疵を受け、熊は飛び出して何れへか逃げてしまい、その事が警察所へ知れて翌日、屯田兵五十人を人選し、いよいよ熊狩になってそれぞれ手わけをし四方八方探すと、岡珠村の熊笹の中に寝ているのを見つけ、ソレというより警察課長の森長保君がはなす一発の弾丸に難なく彼の熊を打ち留め、大勢かかって札幌へ引き出したが、長さは六尺余り胴のまわりは五尺六寸高さは三尺六寸余りもあり（後略）」

——『読売新聞』明治十一年二月二日

パソコンによる新聞検索など存在しなかった時代に、右記事が見つからなかったとしても不思議ではないわけだが、「ダメ押し」でもう一つ、決定的な資料を発見した。

北海道立文書館所蔵『開拓使公文録』の『明治十一年　長官届上申書録』という文書である。こちらも「熊」で検索したらすぐに見つかった。

「危難救援の者賞誉の儀上申

本年一月十八日午前三時、当札幌郡丘珠村平民、堺倉吉居小家へ猛熊乱入、倉吉ならびに同人長男、留吉儀は即死、倉吉妻リツおよび雇人姓不詳酉蔵は重傷を受け翌十九日死去致し候ところ右乱入の際、倉吉雇い青森県下陸奥国三戸郡五戸馬喰町平民、石澤定吉、リツの危難を認め同人を背負い急場を避けしめ候段、奇特の儀につき明治七年第百号公達に照準し別紙の通り賞誉取り計らい候、この段上申仕り候なり　明治十一年二月二十二日」

この文書によれば、「雇人酉蔵」は十九日に死亡しているので、前出の警察文書とは行き違いになってしまったらしい。

これまでの諸説では、この事件で死亡したのは三名であり、その内訳は「倉吉、留吉、蛯子勝太郎」（犬飼哲夫、門崎允昭説）、あるいは「倉吉、留吉、雇人酉蔵」（八田三郎説）で食い違いが見られた。しかし右資料を総合すると、犠牲者は「倉吉、留吉、雇人酉蔵、蛯子勝太郎」となり、丘珠事件における死者は四名というのが正しいことになる。

解剖と禁断の実食

この他にも、いくつか興味深い資料を発掘したので、以下にまとめてみよう。

事件発生後、おそらく最初にこの事件について回顧したのは、三十年後の以下の新聞記事ではないかと思われる。

「▲三号館の老熊―第一号館の右側第二号館と相対して第三号館がある、この三号館の東部薄暗きところに傲然と構え込んで御座る銅色の老熊が居る。こやつステキ滅法な曲者で、明治十一年は一月の中旬、札幌郡は丘珠の炭焼小屋に忍び入り一夜のうちに父子の二人を噛み殺し、なお飽き足らず産褥の母をも犯さんとしたが、欲に目のくらめる熊は炉中に火のあるにも気付かず驀然これに躍り込んだが、さあそうなってはさすがの熊もたまらない、他の生命どころか自分の生命にもかかわる大事と一目散に逃げ走ったが、逃げたとて逃げおおせるものでなし、とうとう銃殺の憂き目に遭うて往生奉ったのが即ちこの三号館の老熊である、挿絵の壜詰は当時老熊の腸から掘り出した親子の遺骸であるが、今なお依然として博物館に秘蔵されてある。

▲村田氏の談―（中略）こやつは第一に元丸山に火薬庫のあった沢で馬追いを喰い殺し、それで飽き足らずして丸山より今の遊郭の中を通り豊平の河流を向こうに渡って、さらに丘珠の近傍、炭焼小屋の辺に至り、最初にはまず南の方の炭小屋に入らんとしたらしいが、早くもこの様子を観知し、入り来らんとする熊を目がけて火ぼたを投げたので、熊はたちまち歩を転じて北側の小屋に忍び入り、いきなり親爺を噛み殺し、次に生まれて百日目ばかりの赤児をもひと噛みとなし、なお母をも噛み殺さんの勢いであったが、やにわに彼は炉中に飛

び込んだので、体一面に火を浴びて一目散に逃げ走った、その翌日、付近村落の大騒ぎとなり、槍鉄砲で捜し廻り、遂に三日目の夕刻、首尾よくこれを打ち取ったのである。この壜詰は当時解剖の切、彼の体内から出たものであるが、この通り親爺の額と子供の手足がまだ消化せずにあったものと見る。誠に可愛そうぢゃありませんか云々」

——『北海タイムス』明治四十二年五月十九日　博物館案内（五）▽老熊の歴史

博物館とは、現在の北大植物園のことで、案内役の村田老人は剥製の名人であり、同館の生き字引のような人物だったらしく、他の資料にも、その名前を散見した。

また『朝日新聞』（大正二年十月二十八日）に、丘珠事件を追悼する詩歌が掲載されているが、内容は割愛する。

次に昭和八年発行の『恵迪寮史』（北海道帝国大学恵迪寮）に、解剖の様子が詳細に描かれているので、現代語に改めて抄出してみよう。

「第一、その形状で著しかったことは、そのヒグマにまったく脂肪がなかったことである。その原因は、そのヒグマに非常なことがあって厳冬を凌ぐ貯蓄をすることができなかったのか、あるいは自ら求めなかったのか、いずれにせよ地上は雪深く餌を得ることができず、食を絶って長く、飢餓が窮まって遂に前条の暴挙に及んだことは疑いを容れない。（中略）その胃を審査してみると、その最後の食料であった物の性質は実に驚愕すべきもので、ヒグマはもともと食物を嚙まないもののようで、消化し残ったものはみな、少しも嚙んだ徴候がなく、かつその消化力も甚だ遅く、死前十二時間に食べた証拠がある物も、わずかに消化するだけで、その物の形容および性質とも残っていて、明らかに弁別し得るほどである。ただ数日前に食った物のみは、その消化が頗る進んでいた。（中略）前条に記した猛羆は、あるいは一時、アイヌに飼われて後に、逸走したものであるという。しかしこれは、もとよりひとつの憶説で、これを証明する事実はない。むしろ飢餓が極まって、この事変を起こしたとするのを穏当とするべきだろう」

——『恵迪寮史』北海道帝国大学恵迪寮、昭和八年

『クラーク先生とその弟子たち』（大島正健著、大島正満・大島智夫補訂、新地書房、一九九一年）にも「篠路の熊」の一節があり、明らかに丘珠事件について記されているが、この中にも解剖するくだりが描かれている。

「思わぬ材料に恵まれ歓呼の声をあげた学生達は、ペンハロー教授指導のもとに、早速解剖実習にとりかかった。見る見る皮は剝ぎとられ、内臓を開く段取りとなったが、教授の目をかすめて二三のものがひそかに一塊の肉を切りとった。そして休憩時間を待ちかねて小使部屋へ飛び込んだ。

やがてその肉片が燃えさかる炭火の上にかざされた。そして醬油にひたす者、口に投げ込む者、我も我もと珍らしい肉を嚙みしめていたが、誰いうとなく、

「熊の肉は臭いなァ、恐ろしく堅いなァ」

という声がほとばしり出た。

定刻になって師の呼ぶ声に、一同は何喰わぬ顔をして解剖室に戻り、手に手にメスをふるって内臓切開に取りかかったが、元気のよい学生の一人が、いやにふくらんでいる大きな胃袋を力まかせに切り開いたら、ドロドロと流れ出した内容物、赤子の頭巾がある手がある。女房の引きむしられた髪の毛がある。悪臭芬々《ふんぷん》眼を覆う惨状に、学生達はワーッと叫んで飛びのいた。そして土気色になった熊肉党は脱兎の如く屋外に飛び出し、口に指をさし込み、目を白黒させてこわごわ味わった熊の肉を吐き出した。

後に訪ねて来た内田瀞が、

「あの肉は酸味があって堅かったのゥ」

とありし日を思い起して述懐していたが、事実何とも堅い肉で、口へ入れて見たが、私にはそれをのみ込んで胃の腑に収める勇気は出なかった」

もう一人、解剖に参加した学生、黒岩四方之進の回顧が『小樽新聞』(大正十五年五月十九日)に掲載されている。

「熊公の大きな胃袋の中から出たものは、まず第一番に赤い布片で、次には縄付きのままの鮭の頭が飛び出し、その後からは長い頭髪のついている食われた主人の頭の一部や、赤児の両手や竹輪のように刻まれている腕の断片やら続々と露出して来た（中略）その時黒岩さん午前中に剝製をおわって、その日の昼飯の折にはその熊の肉を焼いてたらふく食べたという（当時の思い出ばなし　熊公の胃袋から長い頭髪　さすがに猛者連もこの時ばかりは　一期卒業生　黒岩四方之進氏談）」

最後に加害熊の剝製であるが、現在は劣化が著しいため、北大植物園内の倉庫に保管されており、一般の観覧には供されていない。

第二章

鉄道の発展と人喰い熊事件

～資本主義的開発とヒグマへの影響

最初に開拓が進められた石狩平野では、早い時期から鉄道が敷設され、移民が急増した。開拓民にとって鉄道は文明の象徴であったが、ヒグマにとっては、恐るべき怪物であった。しかし、世代を重ねるうちにストレス順応に成功し、再び人里に出没、殺傷事件を続発させるようになる。本章では石狩平野中央に位置する岩見沢で発生した連続人喰い熊事件を取り上げ、鉄道による急激な近代化とヒグマの関係を考察する。

明治三十年岩見沢連続人喰い熊事件

北海道に鉄道が敷設されたのは明治十五年と意外に早く、新橋―横浜間開業の、わずか十年後のことであった。

明治十二年に開山した幌内炭鉱の石炭を小樽港に輸送するのが目的であったが、この「幌内鉄道」の開業は、北海道の拓殖を一気に推し進め、「石狩原野の開発で、ここに農業が拓けて多数の移民を入地させるとともに、奥地の開拓促進に大きな利便をもたらした」(『岩見沢市史』昭和三十八年)。

幌内鉄道は明治二十二年に民間に払い下げられ「北海道炭礦鉄道会社」(現在の「北海道炭礦汽船株式会社」)となり拡大を続け、明治二十五年には空知太(砂川)から輪西(ほぼ室蘭)まで開通した。

北海道の鉄道の特徴として「軍事的性格を見る」(『新北海道史』)という指摘がある。実際に敷設工事は日露戦争勃発の明治三十七年まで急ピッチで推し進められ、第七師団司令部のある旭川までは明治三十一年に開通し、明治三十六年には名寄まで伸長した。函館本線もまた、札幌―小樽―函館間が明治三十七年に全通した。

冒頭で述べたように、鉄道路線と人喰い熊事件は、極めて強い相関関係があると筆者は考える。
鉄道に沿って人口が増えるのだから当然だろうという指摘もあろうが、別の見方もできると筆者は考えるのである。
これについては後段で述べるとして、鉄道と人喰い熊事件についての顕著な事例を、死者五名、行方不明一名、負傷者三名を出した、明治三十年前後における岩見沢での連続人喰い熊事件に見てみよう。

前述の通り、石狩平野における拓殖は、鉄道の敷設とともに大幅に進捗し、岩見沢もまた長足の発展を見せた。
それ以前、明治二十年頃の岩見沢は、陸の孤島といってもいいような状況であったらしい。たとえば『栗沢町史』（平成五年）に次のような回顧談がある。

「夕張道路の本村地内は、全部がうっそうたる森林を通じているので、これを通行するとあたかも樹林のトンネルを進む感があった（小西和）」

「夕張道路は土地粘土質のため四月になってもひどくぬかっていた。そのうえ馬蹄のあとでこねかえし、こねかえし誰の顔も青く乾いた土がこびりついた（辻村もと子）」

「夕張道路」（現・道道三十八号）は、明治二十三年の夕張炭鉱の開山と同時に岩見沢―栗山間に開削された、栗沢を南北に縦貫する道路である（国土交通省北海道開発局ウェブサイト）。あたりは鬱蒼たる大樹林で、当時の交通不便は、我々の想像をはるかに超えていた。

この頃の岩見沢入植の沿革が、当時の新聞に掲載されている。

「明治二十四年に至り炭礦鉄道会社、空知に延長すると同時に室蘭岩見沢間新工事に着手せるより、一村つとに面目を改め、畑地変じて市街となり、田はたちまち鉄通と化し商工その他の諸職人おびただしく来集し一時非常の隆盛を極めし（中略）明治二十八年に至り実に二千三百余戸の多きに達せり」

――『北海道毎日新聞』明治二十九年五月十二日　岩見沢における郡長の調査

同記事には「明治十七年に山口県などから二百七十七戸が移住した」とあるので、十年で戸数が十倍近くに膨れあがったのである。

開拓民の入植とともに、「熊の巣」であったこの地域も徐々に切り拓かれ、ヒグマは姿を消していった。

「全体、このへんはもと一面の森林なりしことなれば、ほとんど熊の巣窟ともいうべく、去る十八年中、岩見沢へ士族の移住せしころは、数匹の熊は人家に近づき来たり、日中といえども宅地内を徘徊し、汽車の輪声を聞いて驚き走り去るごとき有様なりしが、年々に遠ざかりて今日はその跡を絶えたれば、農民も大いに安堵をなし、ひさしく熊の話も聞かざりし(後略)」

――『北海道毎日新聞』明治二十一年四月十一日

「空知郡空知川下流付近の地には数年前まで熊の棲息する所ありしも移民増加のため山中に引っ込みしにや出会するものいたって稀なりしが、昨今は昼夜の別なく出没」

――『北海道毎日新聞』明治三十年六月二十五日

鉄道の敷設と、それに伴う移民の増加により、ヒグマは石狩平野から早々と撤退していったようである。『岩見沢市史』(昭和三十八年)にも、明治二十七年に横田信一という人が知人を頼りに下志文に入植したが、この年には熊の出ることもなくなったと記録している。

しかし彼らは、そのまま山中に逼塞したのではなかった。前記事にある通り、明治三十年頃になって忽然と、人間に牙をむき始めたのである。それは開拓民に対する、ヒグマによる初めての「組織的反攻」であった。

最初の事件は明治二十八年十月に発生した。

幌向原野に入地した高知移民団体総長大石秀雄は、九月中旬より夜な夜な大熊が開墾地に現れて害をなすこと甚だしいので、これを打ち留めようと二十五日夜、手に一挺の狩銃を携え、腰に覚えのある短刀をはき、一人で熊狩りに向かう途中、横合いから不意に子を引き連れた大熊に襲われた。

「鉄砲取り直すいとまもなくムヅと頭部を引っつかまれブリリと音したと思う間に、早毛髪のある部分だけは残りなくつかみ去られ、続いて横殴りに殴られて頬骨およびこめかみというところの骨を打ち砕かれたれば普通の人ならそのままそこに気絶して、なんのなすこともなかるべきに天性豪邁の氏のこととて大怪我にもたおれず、腰に差したる短刀を抜いて立ち向かわんとする間も、情けなや両の腕をイヤと云ふほど爪にて縫われ、どうとその場に引き倒さるると同時に、肋骨二本まで打ち折られぬれば、いかに豪気の氏とはいえ、一時は痛みの強さに眩暈して、起ち上がることの叶わず、しばし息をもつかずに打ち伏しいたるに、熊は氏の死せしとや思いけん、そのままいずれへか逃げ去り」

——『北海道毎日新聞』明治二十八年十一月二十二日

この後、大石はひどい藪医者にかかり、「傷の中に多くの笹ッ葉や土塊を縫い込み置いたため、その腐蝕の甚だしく」という状況であったが、札幌の大病院に担ぎ込まれて以降は経過順調で快方に向かったという。

実はこの事件の半年前に、同じ幌向原野で杣夫二名が襲われ、アツシ（上着）を咬み裂かれ追いかけられるという事件が起きている。加害熊は射殺されたという（『北海道毎日新聞』明治二十八年五月四日）。

この年は幌向から栗沢にかけての原野でヒグマの跳梁が著しかったらしく、大石が襲われた地点から二里ほど離れた必成社農場では、次のような回顧録が残っている。

「二十八年七月のことである、十一線の八号道路より、東鉄道線路に至る三百間の道路敷きを測量したとき、船橋三八氏を先に次には拙者が続き、後には佐藤、西田両氏という順序で、だんだん進んでゆくうち、船橋が「アーッ」と云って倒れた。ふと向こうを見たところ六尺ばかりもある葭の中から、大きな手を挙げ、大口を開いて「ゴーッ」と鳴り立ち上がった熊の勢い、自分は思わず打ち倒れたが、（中略）船橋君はそのため発熱して半月床に就いた、拙者も三日寝た、佐藤氏も五、六日床に就いたが、その後はほとんど測量に行くのが嫌になった。（笠原元次郎述）」

――『清真布市街地必成社農場二十年史』河路重平、大正二年

また笠原は「毎年二、三頭ずつ、三十二年頃まで獲れた」と語っており、「熊狩りのため殺されたるもの三人ばかりあり」とも述懐している。以下はそのひとつと思われる。

「空知郡栗沢村の滋賀県必成社支配人、小堀幸太郎が林野を巡回中、同行人の具合が悪くなったため帰宅したが、これと引き違えて同村の高木源彌という者が自家の出面《でめん》（労働者）を連れて同林野に赴いたところ、一匹のヒグマが現れて二人を目掛けて飛びかかった。高木は一目散に逃げ、出面は敵わぬまでもと斧を手に打ちかかったが、何ぞ敵すべきか、ヒグマは一声高く叫んで飛びつき、出面の体はその場で引き裂かれた。高木は振り返り振り返り見届けてから家に戻り、仇を討たんと近傍の者を集め、屈強の若者六、七人が小銃を提げて件の林野に分け入ったところ、「鮮血雪を染めて哀れ出面は死骸も止めず」という惨状で、遺体は喰らい尽くされていた。この報告が必成社に達するや一同熊狩りを企てたが、ヒグマはすでに見当たらず、余儀なくそのままに引き返した。幸太郎他一名は危うき難を免れたりと喜んだという」

——『読売新聞』明治三十二年三月一日より要約

必成社農場は、明治二十六年に滋賀県の多額納税者であった河路重平ほか三名が約百五十万坪を借り受けて設立し、明治二十七年に農場内に清真布停車場（現・栗沢駅）が設置され、二十九年には製麻工場が建設されるなど、栗沢村の中心となっていった（『栗沢町史』）。

明治二十九年八月二十七日、必成社農場の隣の小西農場付近に熊狩りに出た熊撃ち名人の田岡某ら総勢十数名が、二手に分かれて山に入った。そこは丈余（三メートル以上）の茅や茨が生い茂る密林であったが、そのうち高岡長吉という者が一頭の巨熊と出くわし、逃げるところを熊が飛びかかり、股の肉を二ヵ所、骨が見えるまでに剝ぎ取った。その悲鳴を聞きつけた田岡が駆けつけると、今や血を見て荒れ狂う熊が、長吉の頭を胴から引きちぎるかと見えた刹那、田岡の放った弾丸がヒグマの腹部を射貫き、続いて第二弾が胸部に命中し、ヒグマはひと声高く叫んでその場に倒れた。

同じ頃、他の一手が子熊二頭を従えた雌熊に遭遇していた。雄叫びを聞いた田岡は疾風の如く駆けつけ、熊の正面に立ちはだかり、第一弾で雌熊を倒し、第二、第三、第四弾で見事二頭を倒したので、都合四頭を一人で退治したという（『読売新聞』明治二十九年九月九日）。

明治三十年と三十二年には、岩見沢周辺でヒグマが墓地を掘り返して死体を喰らう事件が立て続けに発生した。

「石狩国空知郡幌向村の佐藤倉次は祖母某（七十六）の葬儀後十七日目に、回向のために墓地へ赴くと、小山の如き大熊が祖母を埋めたあたりにうずくまって、しきりに墓を掘っていた。そのまま踵を返して逃げ帰り、村人等に告げて、「一緒に行って大熊を追い払ってくれよ」と頼みすがったが、いずれも熊と聞いて二の足を踏み、同人も心ならずも流石に生命が惜しく、とかくしてその日は過ぎた。

翌朝、同墓地へ行ってみると、昨日の大熊はなおもその場を去らず、すでに棺桶を地上へくわえ出し、蓋を嚙み砕いて祖母の死体を引きずり出し、髪を抜き手足を折り、その惨状は眼もあてられないほどで、もはや捨て置くわけにはいかないと、再び村人等に報告して、多数の人数を駆り出し、ようやく熊を追い出して元通りに改葬した」

――明治三十年八月九日『朝日新聞』より要約

「明治三十二年九月、栗沢村に一頭の大熊が現れて墳墓を発掘するという噂があるので、同地の士族、新田與助（五五）は、去る十日熊狩りを企て、都合五人で角田村字キナウスまで進んだところ、忽然一頭の大熊が現れ、豪気の新田はむんずとばかり組み付いたが、大熊は苦もなく新田を投げつけ、口を引き裂き、頭部を咬み砕き、大小二四ヶ所の傷を負わせた。しかし不意のことで四人は救ういとまもなく、ただ茫然としていたが、坂東某が機転を利かして近くの大樹によじ登り、矢頃はかって骨も砕けよと打ち出す鉄砲は、過たず急所を射たので、目方八十貫に余る大熊ものたうち回って死んだ。憐れむべし新田與助は養生かなわず同夜十一時に死去した」

――『北海道毎日新聞』明治三十二年九月十五日より要約

明治二十九年以降、行方不明者も続出したが、そのうちの一名は殺人容疑者であったという因果な事件もあった。

「明治二十九年十月、江別村野幌の鉄道線路に沿った藪中で骸骨が発見されたが、幌向村字パンケソー松井庄五郎の長男庄太郎（十二）という者が去る八月三十日、豊平村に用事があって出向き、小鳥籠二つを持って家路に戻る途中、そのまま行方不明になったことがあり、さては前の死骸こそ庄太郎の遺骨ではないかと、骨は実父に引き渡された。致命の原因は熊ではないかという」

――『北海道毎日新聞』明治二十九年十月十日より要約

「明治三十年九月、幌内炭山の下駄商、根本徳太郎（二十八）が去る二十六日、請負人関勘太郎より金四十円を受け取り、市来知から峰延まで山を越えて行ったが、そのまま行方不明となり、定めて熊に殺されたものだろうと人夫三十人が捜索中だが、徳太郎は影すら見えないという」

――『北海道毎日新聞』明治三十年十月五日より要約

「空知郡市来知村字南町の農業、高橋海老蔵（年齢不詳）が客月中旬に、自宅で如何なる仔細か妻を殺害し逃亡して行方不明となっていたが、二十五日、市来知村字蛙ヶ澤〔筆者註：桂沢の間違いか〕という山下鬱蒼たる[redacted]等の繁茂する場所に、海老蔵の死体を発見した。思うに妻を殺して同地を逃亡し、一時潜伏しているうちに熊のため噛み殺されたるものではないかとのことで、皮肉は喰い尽くされ、ただ首と足のみ所を異にしてあった。同人であることを判明したのは、まったく首の存在したことによるという」

――『小樽新聞』明治三十一年九月三十日より要約

そして明治三十三年、岩見沢の隣村で最後の事件が起きる。

「志文村の秋山萬造（六十）、久五郎（二十六）の親子は、（中略）近頃、志文村字冷水に大熊の出没するのを聞いて、去る二十三日朝早く、久五郎が一人、覚えの銃を肩に同所界隈を徘徊すると、果たして例の大熊に邂逅したので、直ちに狙いすまして見事二発まで射ち込んだが、大熊は臆する様子もなく、凄まじい勢いで久五郎を目掛けて飛び掛かったので、さすがの久五郎も大いに狼狽し、一生懸命逃げ出したが、遂に熊のために後頭部に嚙みつかれたが、親父の萬造は、あまり久五郎の帰りの遅いのを気遣い、尋ね尋ねて折よくここに来たって吾が子の危急を見て打ち驚き、山刀抜くより早く飛鳥のごとく飛びかかり、首筋目がけて斬りつけ、辛うじて大熊を仕留め、吾が子を助けたが、久五郎の疵はなかなか重傷の由」

——『小樽新聞』明治三十三年九月二十八日より要約

御子孫の回顧録によると、「久五郎も、頭の傷が原因で、半年後に亡くなったという」（『志文民話　第一集』秋山寛、志文中学校、昭和五十二年）。

熊の巣窟で街が発展した

この事件を機に、岩見沢一帯で続発した人喰い熊事件は落着し、以降、この地域で殺傷事件はまったく記録されていない。
なぜこの時期に岩見沢一帯で人喰い熊が大量出没したのか。筆者なりの分析を試みてみたい。
まずひとつは、前記事の通り、当時の石狩平野が「熊の巣窟」だったことである。それは次の資料に顕著である。

「本年は熊害が殊に甚だしく、アイヌ等にその獲殺を勧めたところ、千歳郡山中において殺獲した熊が六十六頭、狼二頭となり、その他に、いまだアイヌ等の報告を受けていないものがあり、実に本年のような殺獲が多い年は、開拓使創設以降未曽有のことである」

――『勧農協会報告』第十八号、明治十六年より要約

「千歳郡山中」とは勇払原野一帯のことだろうが、この地域だけで六十六頭、未申告も含めれば、おそらく百頭近いヒグマが一年間に獲殺されたというのであるから、石狩平野全体で、どれほどのヒグマが棲息していたのか、想像すらできないほどである。

次に、前述した鉄道との関連が指摘できる。「陸蒸気」と呼ばれた当時の鉄道が、開拓民にとってどんなものであったか。その巨魁をひと目見ようと、住民が手弁当で見物に行ったという話は、開通当時の古老談によく出てくる。

たとえば『沼田町史』に、明治四十三年十一月に開業した留萌線の祝賀の様子が活写されている。

「沼田駅の本屋もホームも万国旗で飾られ、村総代はじめ有志はそれぞれ紋付羽織袴に山高帽とピカピカに光らせた靴をはき、またハイカラ髷の有志婦人や赤毛布にくるまった部落民、裸馬にまたがった元気な人たちや多数の青年男女子供たちは、今やおそしと汽車の近づくのを待っていた。（中略）遠くから聞こえてきた汽笛に、ホームの群衆は期せずしてワーッと歓声をあげた。鉄橋にさしかかった機関車は、濛々とうずまく黒煙を吐き、両側のピストンから耳を聾するばかりの勢いで真っ白な蒸気の帯を噴き出し、鋭い汽笛と同時に打揚げ花火が連発で鳴り響き、万歳と歓呼の交錯した大歓声の中を、感激の処女列車は轟々と地ひびきを立て、機関車の前に交差されている日章旗を風になびかせ、颯爽と沼田駅のホームに驀進してきたのであった」

――『沼田町史』昭和四十五年

開拓民にとって鉄道は、交通の利便とともに、地場産業に経済的価値をもたらす救世主でもあった。というのは、交通網の未整備のために、農産物を市場に届けることが極めて困難だったからである。

たとえば旭川の場合、輸送手段は上川道路を馬車によるしかなかったが、旭川―滝川間の道路は、ひとたび雨が降ると、「たちまちにして泥沼と化し、荷車は輪を埋め、駄馬は腹を没し」という大変な悪路であった。そのため「人々は徒歩か乗馬で通行し、荷物なども人の背か馬の背に積んで運んだ。これを職業とするものもあらわれ、駄鞍のうえに荷物をのせた駄付け馬を数頭から十数頭一列につなぎ、馬子（馬追い）が先頭の馬にのって輸送にあたった」（『新北海道史』）。

鉄道輸送により、このような不便が一挙に解決されたのである。これも一例だが、明治末頃の北見地方では、「美幌町における大豆、小豆、大麦の取引価格をみるならば、開通前の四四年と開通後の四五年とでは、大豆四円七〇銭から八円二〇銭に、小豆五円七〇銭から一〇円五〇銭に、大麦五円五〇銭から八円に、いずれも急騰している」（前掲書）という。駄馬による輸送コストが解消されたために、卸売価格が大幅に上昇したのである。

鉄道はまた、村落に繁栄をもたらすものでもあった。

「明治の文人徳富芦花が陸別開拓の先駆者関寛を訪ねて来たのは、明治四十三年九月二十四日、すなわち池田～陸別間鉄道開通後三日目のことであった。そして芦花は書いている。

今にはじめぬ鉄道の幻術、この正月まで草屋一軒しかなかったと聞く陸別に、最早人家が百戸近く、旅館の三軒、料理屋が大小五軒もできている。（中略）
それは陸別に限ったことではなかった。鉄道の通るところ、無人の原野はたちまち市街地と変り、沿線の寒村はみるみる膨張してゆき、開拓は急ピッチで進み、自然景観はたちまち変貌していった。まことにそれは〝鉄道の幻術〟というよりほかはなかった」
──『網走市史　下巻』昭和四十六年

世代を経て鈍感になっていく

一方のヒグマにとってはどうであったろうか。

奇怪な甲高い音を発し、黒煙を噴き出して驀進する巨大な鉄の塊は、まるで怪物のように映ったのではないだろうか。

これについて『網走市史』に興味深いトピックスがある。差別的表現も含まれるが、引用ということでご勘弁いただき、以下に紹介したい。

「当時の列車はどんなものであったか。全通後一年半の大正三年四月、網走線で来網した作家長田幹彦は、その著『網走港』のなかで（中略）、小説中の事件として、列車妨害に狂奔する青年の描写にかなりのページが割かれているが、それは鉄道開通という大事件の衝撃により、精神に異常を来したものの所業という。後に網走の料亭で芸者にこの話をすると、彼らは格別感動した気配もなく、「汽車がかかってからここら辺じゃ気狂いが三人も四人も出来ました。ひとしきりは美幌に女の汽車狂いがいましたが、去年の冬だっけか、トンネルのなかで轢かれて死んでしまいましたよ。」と語っている」

――『網走市史　下巻』

先に述べたように、人喰い熊事件は、鉄道がもたらした分断線に沿って、活断層における震源地の如くに、点々と発生している。その中には精神に異常をきたした、あるいはパニックに陥った個体による凶行があったとしても不思議ではない。

しかし多くのヒグマは、巨大な鉄の怪物に驚愕し、「殊に汽車がごうごう音をたてて走り汽の笛音が山奥まで聞えるようになってからは、森の奥へ奥へと逃げ込んだようだ」（『川向部落史』網走市端野町、昭和三十七年）とある通り、山深くに遁走した。

汽笛は彼らの聴覚からすれば、数キロ先からでも聞き取れたであろうし、もうもうと噴き上げられる煤煙や、線路を伝わる震動もまた、数キロ先から感知したに違いない。

「母チャン、あの音はなんじゃろね」

「さあねえ。よくわからんもんには近づかんことだわね」

そのような会話があったかどうかは知らないが、ヒグマの親子は遠くに聞こえる汽笛に警戒を示しつつ、山中深く移動しただろう。

しかし一方で、奥山に待避した親仔熊にも、いわゆる「ストレス順化」と呼ばれる適応が起こったに違いない。

一般にヒグマの母子は、三歳で親子別れする。子の世代つまり第二世代は、あの奇怪な音と震動が、差し迫った脅威ではないことを徐々に認識し、三つ離れた山から二つ離れた山に生活圏を広げたかもしれない。なぜならそこには、たわわに実るコクワの密生地があったからである。

その次の世代は、もう一つ山を越えて、線路近くに進出する。驀進する機関車の震動は、彼らにとっては、もはやなんの脅威にもならない。それよりも秋に成熟するトウモロコシの甘美な味わいの方がよっぽど魅力的だからである。

そしてその次の世代、つまり第四世代には、線路を渡って民家の納屋に押し入り、鰊漬けを失敬することとくらい朝飯前になっているというわけである。

いみじくも、かの歴史家イブン＝ハルドゥーンが、その大著『歴史序説』（岩波書店、平成十三年）の冒頭で「イスラム王朝の歴史は三代百二十年」と喝破したのを、筆者は想起してしまう。

初代創業者は偉大なる功労者である。二代目は父の苦労を見て育ったので、そこそこまじめにやる。三代目はちゃらんぽらんである。祖父らの苦労などどこ吹く風で放蕩に耽る。その結果、重臣の専横を招き、王朝は崩壊する。

歴史的必然とも言えるこの碩学の指摘は、ヒグマが世代を重ねるうちに愚昧、鈍感になっていく様に、見事に重なって見える。

それが証拠に、門崎教授による次のような指摘がある。

「１９９８年（平成10）頃から、全道的に里近くの山林や農地牧地での羆の捕獲を、銃ではなく、檻罠での捕獲に変えた。その結果、銃での捕殺を中止して10年前後経過した２０１０年前後から、羆は経験的に銃の発砲が無く、身に危害が無い事を悟り、これまで出没を避けていた場所に、己の目的を達成するために出没するようになったと言うのが真相である」

――『羆の実像』

野生のヒグマが人慣れするのには、三世代から四世代程度かかり、年数にすれば十年から十二年程度であるという。

筆者が話を聞いた道南某猟友会のベテラン猟師も、最近はヒグマが人間を怖がらなくなったといい、「砂利運搬トラックが林道を走っていて、よくヒグマを見かけるが、トラックが目の前を通り過ぎても逃げようともしないんだ」と言っていた。

当初は悪魔のように映った蒸気機関車も、いつしか見慣れたものとなったヒグマたちは、岩見沢に鉄道が開通して十数年が経過した頃、大挙して山を下りてきたのである。

しかし彼らの「組織的反攻」も、明治三十三年を最後に終息してしまう。冒頭に記したように

少《せう》年《ねん》を喰《くひ》殺《ころ》した大《おほ》熊《くま》

此間《このあひだ》の紙上《しじやう》に掲《かゝ》げた濱益村《はまますむら》で少年《せうねん》を喰殺《くひころ》した大熊《おほくま》です熊《くま》は身長《しんてう》拾壹尺《しやく》あり腹中《ふくちう》には被害者《ひがいしや》の肉骨未《いま》だ消化《せうくわ》せず足部《そくぶ》の如《ごと》き膝《ひざ》より下部《かぶ》一尺《しやく》の長《なが》さ骨《ほね》と共《とも》に存在《そんざい》せりと、向《むか》て左《ひだり》は打止《うちと》めし舊土人《きうどじん》天川惠三郎

ほとんど知られていないが、三毛別事件のわずか三週間前、苫前から六十キロほど南の浜益村で、少年が喰い殺される事件があった。筆者が調べた限りで、新聞に掲載されたもっとも古いヒグマの写真である（『北海タイムス』大正四年十二月十一日）。

北海道の人口は一貫して増加し続け、明治三十四年には百万人を突破するのである。

映画『ダンス・ウィズ・ウルブス』でケビン・コスナーが描いたように、次々にやってくる開拓者との闘争は、先住民、そしてヒグマにとっては、「滅び」を前提とした果てしない撤退戦だったのである。


ところで石狩平野を追い出された熊群は、いったいどこへ行ってしまったのだろうか。

彼らが一散に逃げた先は、東の夕張山地であり、西の定山渓山中であり、そして北の増毛山地であっただろう。実際、大正期に入ると、定山渓以西の山岳部、そして増毛山地とその北部に人喰い熊事件が集中し始める（夕張山地については、後述するように炭鉱地帯という特殊な状況のために目立った被害はなかった）。

仮に三方向に同数のヒグマが逃げ込んだとして、もっとも熾烈な生存競争が起きるのは、増毛山地だろう。夕張、日高および胆振方面は懐が深く、彼らを吸収する余地があったかもしれない。しかし増毛山地は狭隘で、二十〜四十キロで日本海に到達してしまうのである。特に日当たりのよい日本海沿岸では、好餌地を巡って凄まじい争いが起きたはずである。そこで敗北した個体群は、さらに北上を余儀なくされ、かの「三毛別事件」をはじめとした悲劇をもたらすのである。

第三章

「枝幸砂金」と人喰い熊事件

～ゴールドラッシュの欲望と餌食

明治三十二年、北見国枝幸《えさし》村に一大砂金沢が発見され、全国から一万人とも言われる砂金掘りが殺到して大混乱に陥ったことがある。後世、「枝幸砂金」として世に知られる空前のゴールドラッシュである。

この狂乱期に、多くの人々が黄金を求めて深山幽谷に足を踏み入れたが、不思議なことにヒグマに襲われたという報告は、ほとんど記録されていない。しかし欲望に駆られた人々が踏み込んだ極北の大地には、凶暴な野獣が潜んでいた。今回、筆者はその恐るべき人喰い熊事件の数々を初めて明らかにする。

百億円の金塊に群がった人々

明治三十四年三月発行の『殖民公報　第一号』には次のような記事がある。

「北見国においては明治三十年、始めて砂金の存在せるを発見せられたるが、同国枝幸郡の如きは全道第一の砂金産地となり、日本のコロンダイクとまで言いはやされ、はなはだ盛況を呈せり」

——明治三十四年

「コロンダイク」というのは、カナダ北西部クロンダイク地方のことで、明治二十九年に、世界中の山師が一攫千金を夢見て極北の地に殺到した「アラスカ・ゴールドラッシュ」の震源地となった場所である。奇しくも同じ時期に、アラスカと日本で、空前の「黄金狂」が発生していたのであった。

当時「地の果て」であったオホーツクの寒村は、にわかに活気づき、人煙希なる頓別川、幌別川の上流には、数千軒の掘っ立て小屋がひしめきあい、料理屋、一杯飲み屋、女郎屋、床屋、風呂屋までもが建ち並んだ。

この頃の砂金場を視察した道庁職員の談話が残されている。

「とにかく鰊以上の大景気ですよ。目下、採取に入り込んでいるのは、およそ三千〜四千人だそうです。枝幸地方の労働者は老若男女問わず、家を挙げて砂金場に向かっています。神主や僧侶もいて、漁夫なんかは船が着くたびに百人ずつ、続々山に入ってます。ペイチャン川には一千〜二千人くらい入り込んでいるようで、川岸には数え切れないほどの小屋があり、ひとつに五、六人が住んでいます」

——『枝幸町史　上巻』昭和四十二年より要約

地元紙も次のように報じている。

「昨年、北見国頓別川で砂金発見の報が伝わりて以来、本道はもちろん内地各府県に至るまで響応雲集して、採収のため枝幸地方に入り込みたる者は無慮一万数千人の多きにおよび、蟻の甘きに寄りつき、カラスの腐屍に集まるごとく、その遺利を拾わんがために競争喧噪する有様は筆舌の尽くすところにあらず（「枝幸砂金採収の実況（一）」吉成二〇報）」

——『北海道毎日新聞』明治三十二年八月十一日

冒頭の『殖民公報』によれば、北見地方の産金量は、明治三十一年に三十三匁（一二三・七五グラム）に過ぎなかったのが、明治三十二年には、百四貫二百五十七匁（三九〇・九六キログラム）にも達している。明治三十四年九月発行の「第四号」には、明治三十三年における一人あたりの産金量も詳述されていて、「（北見国全体での）採取高は二百八十一貫六百四十六匁［約一〇五六キログラム］。これを一年間の延べ採取人員七十二万五千四百二人に割り当てれば、一人あたり一日に三匁九分［約十五グラム］を得る割合である」という。

現在の金の相場が概ね「一グラム＝八千四百円弱」なので、大ざっぱに言えば日当十二万五千円である。

鉱山監督署の調査では、「枝幸砂金」の最盛期であった明治三十二年の産金量は約百二十貫（四五〇キログラム）となっている。

しかしこれは真実とはほど遠いと言われる。その理由は砂金掘りによる「ホンマチ」であった。「ホンマチ」とは「猫ばば」の隠語で、元は「帆待ち」と書いた。船乗りが港で風待ちしている間に、私的に商品を買い入れて次の港で売るなどして余禄を得る行為を言う。

砂金掘りの言葉に、「大粒の砂金が採れる現場は潰れる」というのがある。めぼしい金塊は、みな人夫がホンマチしてしまい、上げ金が減ってしまうからである。それほどホンマチが、砂金掘りの間で横行していたのである。

一方で、枝幸市中で買い取られた砂金が、百八十貫余（六七五キログラム）であったという記録が残っている。しかし仲買商を経ずに郵送したり、持ち帰った砂金も少なくなかったはずである。従ってこの数字も当てにならない。

鉱区主が申告する産金量もまた当てにならなかった。初期には税逃れのために少なめに申告し、後期には鉱区の転売に利するため多めに申告するからである。

以上のことから、正確な産金量は推して知るよりないが、工学士西尾銈次郎の『枝幸砂金論』（明治三十五年）によれば、明治三十二年の産金量は、二七〇貫（一〇一二・五キログラム）であったと概算している。現在の相場で約八十億円である。

八十億円の金塊が裏山に埋もれているのだから、老若男女、猫も杓子も、取り憑かれたように山に入ったのは当然のことであった。

さらに景気のいい話をすれば、日本最大の金塊が採れたのは、明治三十三年九月のことで、目方は二百五匁（七六八・七五グラム）であった。浜頓別町郷土史研究会がまとめた冊子『筆しずく』（平成十四年）には、この金塊の原寸写真が掲載されているが、それはまさに「手のひらサイズ」である。発見した人物もわかっていて、「ウソタンナイ支流の川で二百五匁の大塊を発見してお互いに秘密にしていたが、たまたま遊郭で、酒の酔いもあり喜びのあまり遂に漏らしてしまったそうです」（「幌別河口の歴史」三野宮政夫、『枝幸のあゆみ〜古老談話集〜第二号』）と伝えられる。金塊は一匁あたり四円七十銭で取引された。概算で九百六十三円五十銭となり、現在でいえば一千万円近い金額であった。

さらに大きいのが見つかったという伝説も、地元では語り継がれている。

「ペーチャンで大金塊が見付かったが、三人が共謀して、鉈で三つに分けた。その一つを枝幸の町に売りに行って、切口から足がついた。三つくっつけたらのし餅ぐらいの大きさになり、今までのうち一番大きな砂金だったろう」

——『砂金掘り夜話草』日塔聰、ぷらや新書刊行会、昭和五十六年

この金塊は、なんと二百八十匁（一〇五〇グラム）もあったそうである。

しかしこのような幸運な人は、ほんの一握りであったことは言うまでもない。

多くの人々は徒手空拳のシロウトであり、北海道の寒さに驚愕し、厳しい肉体労働に辟易して、なにも得ぬままに帰国した人が圧倒的多数であったと言われる。黄金を手にすることができた、ごく一部の人々も、枝幸の妓楼、遊郭に散財して、富をなした者はほとんどいなかったとも伝えられる。

野獣が潜む山中で起きた惨劇

当時の「枝幸砂金」を報じた新聞記事に、ヒグマについて書かれたものをひとつだけ見つけた。

「従来は羆熊の跋渉に委ねたる地なりしをもって現時においても往々出没横行して、採取夫を恐怖せしむることありといえども、あえてこれがために被害を受けたることなしという」
——『北海タイムス』明治三十三年九月十四日

たしかに一万人ともいわれる人間が山中深くに分け入ったわりには（だからこそ、とも言えるかもしれないが）、ヒグマに関する話題はほとんど記録されていない。
しかし筆者が調べた限りでは、この空前の黄金狂のさなかにも人喰い熊事件が発生していた。しかも人夫小屋を押し破り、二名を引きずり出して喰い殺すという、極めて獰猛なヒグマであった。

明治三十四年九月十四日朝、北見国枝幸郡頓別村字ビラカナイの山中で、富所林吾（五二）が起きてこないのを不審に思った近傍の者が、富所の小屋を訪ねてみると、天幕の外部に血痕が付着しているのを発見し、小屋の中を窺うと、鮮血が飛び散り、すこぶる惨状を極めていた。さらに小屋付近の粘土に八寸余の熊の足跡を認めたので、ただちに警察に急報した。そして山中くまなく捜査したところ、小屋の対岸の山腹に林吾が枕にしていた股引、腹掛け、筒袖および鑑札、金員等が残されており、さらに米噌、塩鱒等には熊の歯形が印してあり、それらが一面に散乱していた。

しかし死体はついに発見されなかった。

二日後の九月十六日夜、ビラカナイの山ひとつ隔てたイチャンナイの山田砂金採取事務所に一頭の大熊が押し入り、寝臥中の大山栄助を引きずり出し、小屋の外、七、八間のところに投げ出して重傷を負わせた。さらに松吉常吉が熊のためにさらわれ、他の一人は布団の内に潜み、ようやく危害を免れた。栄助は生命すこぶる危篤で、常吉は行方知れずとなった。

山田砂金採取事務所の事務員で元軍曹の浜田建吉は、事件当夜は枝幸に下山していたが、この椿事を聞いてただちに事務所に戻り、負傷者大山栄助を介抱する傍ら、熊の再来を予期して、銃に弾を込めて用意をなした。

果たして翌十八日午後六時頃になって、事務所の南方から大熊一頭が現れ、前々夜に侵入した窓に向かって突進してきた。待ち構えていた浜田は銃口を窓から差し出し、熊の接近を待ってズドンと一発放った。狙いは違わずに熊の脳天から左腹部に命中したが、怪力無双の大熊のこと、一発の銃丸などものともせずに、ますます猛り狂って、小屋よりわずか二間のところに迫った。そこで第二発が胸部に命中し、さらに第三発で、まったく撃ち倒した。

そこにビラカナイで富所林吾の死体捜索に出ていた巡査二名が帰って来たので、浜田に助力して熊の腹部を解剖、検視した。すると胃部にはなんらの残留物もなかったが、腸部からは「左右の拇指各一本ずつ、左の人差し指および薬指小指の連続せるものと髪毛の全部を認めるもの残りおり、人差し指には被害前日、松吉常吉が誤って負傷し布切れをもって傷口をくくりおりたるままの残留あり」ということで、まったく常吉は熊の餌食となったことが明瞭となった。さらに事務所の西方二町ほどのところに、常吉の寝臥中着ていた襦袢の引き裂けたもの、および肋骨と認められるものが嚙み砕かれ、その他骨片が散在しているのを発見した。

熊は八歳で、身長一丈余、黒色のもので、アイヌの鑑定によれば「該付近にかくのごとき猛悪のもの棲息せざれば、他よりの渡り熊なるべし」という（『北海道毎日新聞』明治三十四年九月二十八日より要約）。

思わず自分の左手指を数えたのは、筆者だけではあるまい。

おそらく第一犠牲者の富所も、松吉と同じく原形を止めぬほど喰い尽くされたために、ついに遺体発見に至らなかったのだろう。

大牛のように巨大かつ残忍

こうして稀代の猛熊は退治されたのであったが、実はここに興味深い事実がある。この凶悪事件が発生する、わずか二ヵ月前、頓別村から四十キロ西の天塩村にも、恐るべき人喰い熊がうろついていたのである。こちらもまた、通行中の若者を襲い、頭部など、わずかな部位を残してことごとく喰らい尽くすという凶暴なものであった。

明治三十四年七月十三日、天塩国天塩村農夫、吉井孫三郎の次男某（十九）が天塩市街地へ買

物に出かけたまま、翌々日になっても帰らず、家内一同が心配していたところ、十五日午後に山中で某の所持品が発見され、あるいは熊のために害せられたものかと、近隣の農夫を頼んで必死に捜索したところ、ようやく十七日になって、某が熊のために無惨の最期を遂げているのを発見した。

「その時はすでに被害の時より数日を経たる後のこととて、全身大方は喰い尽くされ、ただわずかに毛髪の付着せる頭蓋部の一片と足の指片とを残せるのみ、骨散り血飛びて見るも無惨の有様なりき。（中略）某の所持せし赤毛布はずたずたに破れありしと、家出の時に新たに穿ち行きたる紺足袋も、これまたずたずたに切れおりしとより察すれば、某はいかに激しく熊と戦いしかを想像するに足るべし」

——『北海道毎日新聞』明治三十四年八月七日

加害熊は「太さは大牛ほどもあり」、さらに「いまなお近辺を徘徊しつつあり」とのことで、村人はこれを銃殺しようと息巻いた。

そして三ヵ月以上経ってから「加害熊が撃ちとられた」という続報が掲載された。

「先頃、天塩川筋および同市街地で若者二名とも猛熊の餌食となったが、（中略）このほど遠別村字マルマウツあたりに二匹の子熊を引き連れた大熊が出没し、アイヌ藤吉が幌延村ウブシ原野で撃ちとった。そして「右はまったく農場、市街地の若者どもを惨殺したる猛熊なりし由」

――『北海道毎日新聞』明治三十四年十一月二十日より要約

記事によれば、犠牲者は二名であり、撃ち取られた親子熊が加害熊であると断定されたという。

しかしこの親子熊が本当に若者二名を喰い殺した加害熊であったのか。「太さは大牛ほど」という目撃情報は「身長一丈余、黒色」という、砂金掘りを喰い殺した加害熊の特徴と酷似していないだろうか。また被害者の遺体のほぼすべてを喰い尽くす残忍さも共通しており、「他からの渡り熊ではないか」というアイヌの言葉もまた、同一個体による凶行であった可能性を示唆しているようにも思える。もしそうだと仮定すれば、この加害熊は四名を喰い殺し一名を危篤に陥れた稀代の凶悪熊ということになる。

大正六年剣淵村人喰い熊事件

筆者が調べた限りにおいて、道北のヒグマは他の地域と比べて獰猛であると言える。

冒頭の地図⑦は、『標茶町史考　前篇』（昭和四十二年）より「人口中心線」の移動を示した地図に、筆者が作製した「人喰い熊マップ」を重ねたものである。

地図に示された三つの線は、それぞれの年の道内の人口を半分に割った線（つまり線を境に左右の地域の人口が同数になる）である。

大正二年の中心線を見ると、北海道の半分の人口が道南道央に集中していて、同時に人喰い熊事件も、この地域に集中していることがわかる。逆に言えば、この中心線の外側で凶悪事件が頻発している地域は、人口の多寡に関係なく人喰い熊が出現しているということであり、いわば「狂暴な種族」が多く棲む地域と言える。

大ざっぱに言って、「増毛―紋別」にかけてのラインより北、具体的には増毛から北の日本海沿岸、旭川から士別に至る上川盆地、紋別、枝幸、天塩などであるが、これらの地域では、特に狂暴な個体が多いように思われる。その中には「五大事件」（『エゾヒグマ百科』木村盛武、共同文化社、昭和五十八年）のうちの「苫前三毛別事件」「沼田幌新事件」も含まれる。

ヒグマによる殺傷事件は、猟師が手負い熊に逆襲される、つまり「ヒグマの生活圏」で人間が襲われるケースが圧倒的に多く、「人間の生活圏」で一般人が襲われたり、ましてや人家に乱入するなどという悪質なケースは滅多に起きないと言っていい。

しかし先の「増毛―紋別ライン」以北の地域では、そのような事件がしばしば報告されているのである。

たとえば大正六年に剣淵村で起きた事件は、開拓小屋の壁を押し破ってヒグマが侵入し、屋外に逃げた男性を執拗に追って、山林に引きずり込み喰い尽くすという、身の毛もよだつような事件であった。

事件の第一報は、農作業の青年が帰宅途中にヒグマに襲われたというもので、さほど珍しい記事ではなかった。


「青森県三戸郡より出稼ぎのため来道中の柳町市太郎（二六）が、十一月五日午後八時頃、居宅まで約十間ばかりに差しかかると、突然草むらから一頭の大熊が現れ、驚く市太郎を拉し去った。その悲鳴を聞きつけた村人は直ちに現場に駈け付けたが姿は見えず、ただわずかに同人の掻きむしられた衣類が残されていたのみで、大いに驚き付近を捜索したが、いまだ死体すら発見するに至っていない」

――『北海タイムス』大正六年十一月十日より要約

しかし時間の経過とともに事件の真相が明らかになった。

ヒグマは通行途中の青年を襲ったのではなかった。民家の壁を破り、押し入ったことが判明したのである。


「巨熊壁を破りて侵入し頭と手足を食い残す　川上郡剣淵零号線、柳町市太郎（二六）が、本月七日無残にも喰い殺された椿事は報道した通りだが、今その恐るべき顚末を左に詳報すると、この巨熊は本月一日頃から、各所に出没して農作物等を荒らし回っていた。

去る六日夜八時頃、同地一号線、市田某方で一家晩餐中、庭先で異様な物音がするので何事と見れば、一頭の巨熊が庭に積んであるカボチャを喰っているので大騒ぎとなり、六畳間に一同引き籠もり、鉞を握って生きた心地もなかった。幸い熊はそのまま草むらに姿を没した。

翌日の七日午後七時頃、柳町市太郎が独り夕飯を食していると突然、前記の大熊が草壁を突き破って侵入し、市太郎に飛びかかった。市太郎は卒倒せんばかりに驚き、声を限りに救いを呼びつつ、近所の安井某宅めがけて逃げたが、遂に捕らえられた。

安井某は市太郎のけたたましい悲鳴に驚いて窓から眺めると、熊は市太郎の背中から猛然と躍りかかり、その両足をつかんで風車のごとくクルクルと廻しながら、悠々と草むらに姿を隠した。身の毛もよだつこの恐ろしい現場を目撃しながら、農家のこととて手の下し様もなく、悲鳴の遠ざかり行くのを聞くのみであったという。

八日朝になって、駐在巡査と部落民が大挙、死体捜索に努め、玉木猟師の弾丸が美事に命中して首尾よく捕獲することができた。市太郎の死体は被害地から五百間（約九百メートル）の箇所において、わずかに頭と手足とのみを喰い残し一面に鮮血にまみれた凄惨な状態で発見され、見る者の肌に粟を生じさせた。

玉木猟師は本社通信員に対して恐ろし気に、「自分は今まで八十余頭の熊を打ち取った経験があるが、今回のごとき獰猛なのは始めてだ」と、色青ざめて語ったという」

——『北海タイムス』大正六年十一月二十七日より要約

この事件は目撃者も多く、古老の回想にも散見される。

「夜になって、現在の安田義治さん宅に、明日帰るという前の晩なので、賃金の精算のためかもらい風呂かで招かれたのですが、そのうちの一人が風邪で休んでいました。その小屋は、現在の安田嗣信さんの近くでした。その晩は月夜だったと思います。（中略）その人の「助けて……!!」という叫び声は、今でもはっきり覚えています。その頃は雪も降っていて、人は道伝いに走って逃げるのですが、熊は雪などおかまいなしに斜めでもどこでも、最短距離を通って追いかけ、ついにこの人はつかまり、無惨にも殺されてしまったのです。

次の朝、おそるおそる出て見ますと、うすく降り積もった雪の中を、二メートルも、三メートルもの広い大きい足幅で、人を追いかけた熊の足跡があり、その追いかけたいきおいの鋭どさ、激しさを、あらためて知りました。

そして、食い殺したと思われる場所と、少し離れて遺体のあった道すじの間に、細くて長い腸のようなものが鮮血と共に落ちていました。それらの場所は現在の江口家の北方でした。このわごわ、遺体に近づいて見ると、腹の中は空っぽでした。後日談として、この遺体のうち、片腕が食いちぎられて骨だけになっていて、それは道路の側溝とか、畦に埋めたとの説がありますが、私は、手も足もみなそろっていたと記憶しています（「十津川団体に出た人食い熊」砂田喜一談）」

――『けんぶち町・郷土逸話集　埋れ木　第一集』

「その頃私は二歳でしたが、母はその時恐ろしくなり、私と兄の二人を自分が嫁入りの時持ってきた長持の中に入れてかくし、炉の中の火は夜通し燃やし続け警戒したそうです。また、父は菅井さんと二人で徹夜で見張りに出ていましたが、朝帰ったら土方の柳町さんが殺されたと知り非常に驚いたそうです（「第四区と共に生きた私の歩み」安田嗣信談）」

――『けんぶち町・郷土逸話集　埋れ木　第三集』

剣淵村は、大正四年に発生した「苫前三毛別事件」の事件現場から四十キロメートル程度と近く、またわずか二年後に起こったこともあり、村人の恐怖がいかほどであったかが想像される。後出する「沼田幌新事件」の現場からも四十キロメートル程度であり、この地域が道内屈指の人喰い熊出没地帯であったことがわかる。

黄金狂の欲望は喰い尽くされた

話を枝幸砂金に戻そう。

次の事件は、先の凶悪事件の五年前に宗谷郡で発生した人喰い熊事件である。この凶悪熊は、杣夫小屋を襲うべく付近を執拗にうろつくなど、前出の砂金採取小屋を襲った猛熊にも共通する行動をとっていた。


「明治二十九年十二月、北見国宗谷郡声問村、声問川西岸の字マクンベツの炭焼き小屋に、数日前から一頭の大熊が現れ、食料を得ようと夜間に小屋の中の様子を窺うことがしばしばあった。そこで小屋に居住する杣夫、安住重太郎、大久保熊五郎、三浦多助、中村和吉他四名の者が石油缶を叩いて山奥深くに追い込んだ。しかしその甲斐もなく再び襲い来たのを、誰一人として気付く者がなかった。

十日の朝まだきから伐採用の木材を検分しようとマクンベツ山に入り、二、三人ずつ手分けして森林中を跋渉中、正午頃になって大久保熊五郎が例の猛熊に出会し、大いに狼狽して身を翻して逃げようとしたが、熊はまっしぐらに飛びかかり、熊五郎の顔面を打ち、倒れるところを小脇に抱えて一散に駆け出したので、熊五郎は悲鳴をあげ、仲間の救援を求めた。

杣夫等が駆けつけた時には、すでに熊は熊五郎を搔き抱いたまま渓谷深く下りつつあったので、いかんともすることができず、アレヨアレヨと叫ぶうちに、熊は再び熊五郎の顔面を打ち、続いて腹部を引っくわえて、ひと振り振って沢へ投げ落とすと、山岳も一時に崩れるばかりの凄まじい怒声を発して人のごとく直立し、こちらをさして飛び来たりざまに、後藤長次につかみかかろうとした。長次は一命を賭して大斧を真っ向に振りかざし「寄らばこうよ」と身構えたので、さしもの猛獣も喰い掛からず、かえって傍らにいた三浦多助に飛び付き、見る間に同人を嚙み殺してしまった。

高橋惣太郎は顔色を変えて一生懸命、立木の梢に逃げ登ったところ、熊は嚙み殺した多助の死骸と長次とを捨て置いて、樹上の惣太郎に眼を注ぎ、よじ登ろうとしているうちに、逃げ帰った杣夫等が小屋の者どもを狩り出し、銃砲や石油缶を携えてひしひしと現場に駆け付け、熊を深山へ追いやり、惣太郎等を救い出した。しかし最初に沢に投げ込まれた熊五郎は、この時すでに五体を喰い尽くされて、わずかに頸部のみを残し、また多助の死骸はいずれへ持ち去られたのか急には発見できず、かくして同日午後に至って、この騒ぎが宗谷警察署に聞こえたので、警官がアイヌや壮丁数十人を二手に分けて懸崖絶壁を踏み分けて捜査するうち、多助の死骸が身体の三分の二を喰われて雪中に埋められているのを発見した。

そこでアイヌの中でもっとも経験の深い水野歌吉という者が、他の人々を杣小屋に避けさせ、自分は村田銃一挺と酒とを携えて多助の死骸のあるところより三間ばかりを隔てたトガの大木に棚を設けて、熊の現れるを待ち構えていると、案の定、翌暁に至って姿を認めたので、腰部と肋部を射撃して熊を斃した。足の長さ直径八寸余の六歳以上のものであった」

――『朝日新聞』明治三十年一月十四日より要約

撃ち取られた状況からして間違いなく加害熊と思われるが、前出の枝幸砂金地での猛熊を彷彿とさせるものがある。

時代が下って明治四十三、四十四年の両年にわたって、またしても枝幸砂金地に、おそらく同一の個体によるものと思われる殺傷事件が発生した。

「明治四十三年三月十八日夕刻、枝幸村字ウエンナイ原野で測量隊の一行が、山手の空洞から飛び出してきた三歳牛くらいの大きさの熊に襲われ、逃げるのに一歩遅れた測量人夫、橋本寅松の左腕に数カ所の重軽傷を負わせて悠然と山の手深くに逃げ失せた。

急報を受けた警察は、室伏作平、瀬上敬助に退治方を嘱託し、両人は猟銃食糧その他を準備して山また山を追跡し、二十四日の朝、かの橋本寅松の負傷した箇所と思われる位置に追い詰め、敬助がまず火蓋を切ったが、雷管の腐食により、わずかに空音を発したのみで、この音響を聞き込んだ大熊は驀然と突進してきたので、敬助は面部を雪中に突き差して打ち臥したが、「熊は容赦なく敬助の胴体頭足を乱打するやら噛み付くやら憐れむべし敬助は面部胴体手足に至るまでほとんど隙間なきまでの瘡痍を受けた」」

――『北海タイムス』明治四十三年四月二日より要約

その惨劇を目の前で見ていた作平は運に任せて一発放つと、大熊は敬助を捨てて作平に向かってきたので、作平もまたその場に打ち伏したが、「猛り狂うた大熊は作平の右季肋腋窩腺より肺に通ずる大傷を負わしめ大腿部腰部等都合十五ヶ所の傷痍を負わしめてその場を去った」（同前）。そのうちに作平は銃身に身をもたせて敬助のそばへ近付き、「俺はもう天命だ、しかし君の負傷は軽いようだから君だけ枝幸へ帰ってこの様子を語ってくれ」と言いさま、眠るが如くにその場に卒倒した。

ちょうど幌別方面からの帰り馬そりが通りかかり、作平だけが救われて治療を受けたが、大小十五ヵ所の傷痍で予後はすこぶる剣呑であるという。一方、敬助の死骸は、四日目にようやく市内へ送られてきたが、「全身血潮の氷をもって封せられ、ふた目と見られぬ悽愴な死骸であった」（同前）。

翌年の年末に、またしても枝幸山中で砂金採取人が襲われた。

明治四十四年十二月十六日、枝幸村字ペーチャンの砂金採取人、川田政吉（四四）が立原採金事務所へ行こうとペーチャン小川の峠に差しかかると、二頭の仔熊を連れた雌熊に出会したので、政吉は引き返すいとまもなく、その場に平伏し息を殺していたが、親熊の発見するところなり、たちまち政吉に飛びかかって頭部はもちろん全身に三十二ヵ所の爪傷や咬み傷を負わせた。川田が昏倒しているのを折柄、来合わせた立原事務所員が発見し、病院に収容、手当てを加えたが、「担ぎ込みたる当時は五尺大の血塊とか訝るばかりなりしという」（『小樽新聞』明治四十四年十二月二十二日より要約）。

また『北海タイムス』（明治四十四年十二月二十二日）の記事によれば、「大熊は政吉の頭部に齧りつき、骨膜を剝き離し背部には肺に達する重傷を与え、その他大腿部より手腕に至るまで通じて三十二個所の爪痍と咬み傷を負わしめた」という。

この事件については、日時場所が異なるものの、おそらく同じ事件と思われる回顧談が残っている。

「ここに怖ろしい一例があります。ちょうど大正三年の七月と記憶しますが、中頓別の奥の一己内の砂金鉱で、その場の鉱区主は枝幸の立原さんと心得ています。その砂金場にいた男の中で、毎晩自分の小屋から事務所まで将棋を指しに行くものがありました。ある晩友人が今晩などは神様でも出ると悪いから外出するなと止めたのを、この男はナーニ熊くらい来たって驚くにたらずと豪語して、友人の忠言を破って行った。しばらくして帰途についてその家の門口を出るやいなや大熊が現れ、鬼神の如き早業で咬みついたので、彼は悲鳴を上げて助けを叫んだが危険のため誰一人として救助に出かける者がなく、そのうちに件の大熊はあまり悲鳴を上げるので人間を小脇に抱え、大木目がけて二、三回打ったと見るや、人の声は止まってしまった。翌朝未明に現場に行って見ると、左手の親指（これは負傷して木綿切れで結んでおったもの）だけを残して他の肉は全部喰ってしまった。それから鉄砲を持って熊の足跡を辿って追跡、射止めたこともありました（内田彦七（六二））」

——『小樽新聞』大正十三年八月二十六日

英語に「head in the sand」（好ましくない現実から目をそらすの意）という言葉があるが、みな揃って地面に突っ伏しているところが興味深い。そしていずれも完膚なきまで傷を負わされている状況からして、加害熊は同一個体であり、食害が目的ではなく、危険を排除するための行動であった可能性が高い。

また内田の回顧談は、川田が襲われた事件と、明治三十四年の砂金採取小屋襲撃事件の記録にある「人差し指には被害前日、松吉常吉が誤って負傷し布切れをもって傷口をくくりおりたるままの残留」との混同と見られるが、これらの凄惨な事件が、砂金掘りの間で長く語り継がれていたことが窺える。

「枝幸砂金」の黄金狂のさなかに、ヒグマによる事件記録が極めて少ない理由として、人里離れた山中のことで、警察に通報されるケースが少なかったことが考えられる。記事にあるように、ヒグマに喰い尽くされてしまえば、遺体は発見されず、行方不明者として扱われたケースもあっただろう。

しかし人々は、ヒグマの恐怖よりも目の前の黄金に夢中であった。それは十九世紀以降、列強が相次いで導入し始めた「金本位制」により、金価格が高騰し、世界的にゴールドラッシュが巻き起こっていた当時の世相を反映しているとも言えよう。

第四章

凶悪な人喰い熊事件が続発した大正時代

～三毛別事件余話と最恐ヒグマの仮説

大正期以降の人喰い熊事件は、明治期のものと比較して、凶悪の度合いが一段と増すように筆者には思われる。その理由として、ヒグマの棲息域が明治期よりもさらに狭められ、その一方で、猟銃の普及により手負い熊が増えたことが大きな要因と考えられる。本章では大正期に発生した日本史上最悪の獣害事件「苫前三毛別事件」に触れつつ、増毛以北で凶悪な人喰い熊事件が多発した背景について考察する。

猟銃の普及と相反する被害の増加

村田銃が日本初の国産小銃であることはよく知られている。

この軍銃は民間に大量に払い下げられ、猟銃として広く使用された。特に（明治）十八年式の村田単発銃は、一発ずつ弾込めをしなければならないため、ことに熊撃ちに関しては一発必中の技量と度胸が必要となり、勇壮なエピソードを数多く生んだ。

以下は、北海道開拓時代のヒグマに関する話題を集めた『開拓秘録　北海道熊物語』（宮北繁、昭和二十五年）より引いた、さらに旧式の火縄銃での穴熊猟の様子である。

道東、阿寒湖畔に熊蔵という熊狩りの名人がいた。

明治三十三年頃、熊蔵が六十歳になろうという年の冬のこと、道庁の役人等が彼を雇い、穴熊狩りに出かけた。熊蔵の案内で熊穴を見つけたところで、役人がハッと銃をかまえると、熊蔵は落ち着いた様子で笑った。

「あははは、まだまだ大丈夫です。旦那、手伝って下さい」

そして立木を払い、穴の斜面下方に柵を作った。それから生木をいぶして煙を穴の中へあおいだが、熊が出てこないので、熊蔵は銃床をはずした旧式の先込銃を手に役人等の制止も聞かずに熊穴に這入っていった。闇の中にぴかりと光る目が見えた。両眼の距離が離れて見えるのは、熊の顔が大きいからで、大物である証拠である。熊蔵は雷管に火が回っているのを確かめた。「ふっ、ふっ」という荒々しい息づかいがして、巨大な身体がもっそりと近づいてくるのが、かすかに見えた。「うおーっ」という凄まじい怒号とともに、熊が大口を開けて襲いかかってきた。熊蔵が短くした銃の筒先を熊の口に押し込むと、「がりりっ」と鉄を嚙む牙の音がした。熊が銃身に前肢をかけた瞬間、「どっこい」熊蔵は石を振り上げてガチンと雷管を叩いた。「があーん」という凄まじい銃声が洞窟に轟き、巨大な身体がゴロリと倒れて息絶えた。素晴らしいオス熊であった。

用意の麻縄で四肢を縛り、熊穴の入口から出て来た熊蔵は、役人等に縄を引っぱるように伝えて、再び穴に取って返し、熊の後ろからウンウン押し始めた。次の瞬間、尻をがぶりと嚙みつかれた。なんと、熊穴にはもう一頭メス熊がいて、仇討ちに飛び出してきたのであった。

「ぎらりと熊蔵の短刀が光った。「ぎゃあーっ」雌熊が前にのめった。その横っ腹から血がふき出した。熊蔵がひらりと飛び起きた。と殆ど同時に雌熊も飛び起きるが早いか猛烈な勢いで熊蔵の横面をたたきのめした。鮮血がさっと飛んだ。鋭い爪にかきむしられた頰の肉、右の目玉が飛び出し、よろよろと倒れかかった熊蔵がふみこたえると、弾き返すように横なぎりに振った短刀が雌熊の喉笛を貫いた。どっと雌熊が半身を雪に埋めて倒れた。それと見た熊蔵は急に気がゆるんで、どっと横に倒れて気をうしなった（第七話「穴の中で熊と格闘」剣淵村　田中良範氏談）」

村田銃が民間に出回るようになった契機は、日露戦争で「三十八式歩兵銃」が正式採用されたことによると思われる。明治四十四年五月に「旧式又は不用軍用銃砲及び火薬類払い下げ手続き並びにこれに関する心得」と題する布告が出され、十八年式の村田歩兵銃を、官公立学校、在郷軍人会に一挺一円五十銭で、それ以外には二円五十銭で払い下げたという記録がある（『旧式又は不用軍用銃砲火薬類払い下げ手続き中改正の件』内務省警保局　大正二年七月）。

明治三十五年の新聞に、小樽の佐々木銃砲店の広告が掲載されているが、「上等村田銃（中略）金十一円五十銭」（『北海タイムス』明治三十五年十二月四日）となっている。また明治三十七年の新聞に、日露戦争のために職人が軒並み陸軍省に雇い上げられ、「猟銃の製作者不足のため非常に高価となり、小樽、札幌付近の相場は並物村田銃八円五十銭より九円（後略）」（『小樽新聞』明治三十七年十月四日）とあり、払い下げの村田銃が市価より大幅に安かったことがわかる。

このため多くの人が旧式銃を入手した。「民有銃砲」という統計によれば、明治二十八年における民間人所有の銃砲は六千九百六十五挺であったが、大正七年には約一万三千挺に増えている。

狩猟免許所持者も増えていて、『北海道庁統計書　第三十回』の「狩猟免許人員年次比較」によれば、明治四十二年の乙種免許所持者は三百九十二名に過ぎなかったが、大正七年には五千六十六名と大幅に増加した。

これには日露戦争の非常特別税撤廃も影響していた。

「本道における狩猟免状の下付は三十六年、二千九百十一人ありしが、翌三十七八年は日露開戦の影響を受け、にわかに千三百七十五人に減じ、次いで同年戦時非常特別税を狩猟免状に及ぼせしより、(中略)四十二年にはわずかに三百九十三人となり、本道狩猟界の前途大いに悲観されしところ、翌年非常特別税の撤廃とともに激増して千百五十七人となり、爾来年々増加し、昨年のごとき二千五百五十九人に達せり」

――『小樽新聞』大正五年九月五日

特別税の撤廃と村田銃の民間払い下げで、猟銃所持者が急増したわけである。

一方でヒグマの獲殺頭数は意外にも増えていない。

「北海道における熊の捕獲数は、戦争前の明治37年から、大正時代を通じ昭和8年までの30年間で1,0756頭で、一年の平均捕獲数は358頭である。そのうち最も多数に捕われたのは明治39年の1018頭で、最も少なかった年は大正11年で144頭であったが、大体年々2、3百頭というところである」(「ヒグマの被害の生態」犬飼哲夫、『林』一九六一年九月号、北海道林務部)とある通り、明治三十九年をピークに、四十年に七百七十六頭、四十一年に八百六十三頭と続き、以降は二百〜三百頭前後の獲殺数で推移する（『羆の実像』）。

しかし獲殺頭数が減少ないし横ばいにもかかわらず、ヒグマによる殺傷事件は増え始めるのである。

以下に、筆者が調べた資料も含めて、人喰い熊事件が多発した年をピックアップしてみよう。

明治十七年　死者十三名　負傷者五名（『勧農協会報告　第三十六号』明治二十年）
明治二十四年　死者十二名（『明治二十九年道庁統計綜覧「害獣虫毒」』※）
明治二十九年　死者六名　負傷者十八名（『北海道毎日新聞』『小樽新聞』他）
明治三十四年　死者十名　負傷者七名（同右）
明治三十八年　死者一名　負傷者十三名（『羆の実像』）
明治三十九年　死者三名　負傷者十名（同右）
明治四十一年　死者十四名　負傷者十二名（同右）
明治四十三年　死者二名　負傷者十九名（同右）
大正元年　死者十三名　負傷者十一名（同右）
大正二年　死者九名　負傷者八名（同右）
大正四年　死者十四名　負傷者十名（同右）
大正十二年　死者三名　負傷者十三名（同右）

大正十四年　死者六名　負傷者十名（『北海タイムス』『小樽新聞』他）
昭和三年　死者八名　負傷者十四名（同右）
昭和六年　死者一名　負傷者十四名（同右）

※ヒグマと同様に開拓民の脅威であったエゾオオカミは明治二十二年に絶滅している。

前出の『小樽新聞』の記事によれば、狩猟免許所持者は明治三十七年以降減少したが、四十二年に底を打って増加に転じたという。さらに民有銃も増え続けたにもかかわらず、ヒグマの獲殺数は増えず、死傷者はむしろ増えている。

なぜだろうか。

狩猟免許者の大半が鴨撃ちなど鳥類を対象にしていることもあろうが、次の『樺太日日新聞』の記事は参考になる。

「従来本島には完全なる狩猟取締規則なかりしため、毎年この期に至れば多数の無鑑札出猟者を見、技術未熟なる遊猟者の折柄、農家収穫時に際して危険少なからず（後略）」

――『樺太日日新聞』大正五年九月二十七日

「にわか猟師」が増えることとは、「技術未熟なる遊猟者」が増えることでもある。ヒグマの獲殺数が増えていない理由はここにあるのではないか。そしてその結果、撃ち損じて手負いのまま逃がすケースが激増したことは想像に難くない。
手負い熊が、人間に対する恨みから狂暴となり、危険な存在となることは昔からよく知られていた。次の記事は端的である。

「本月初旬より北見国湧別村本間芭露牧場付近に大熊現るれど、牧馬を害せんとする様子なく、人影を見れば叫び狂うにぞ、（中略）翌朝遂にこれを射止め仔細に検めたるに、胸に月の輪ある十歳以上と覚しき雄熊にて、身に十六発の弾丸を受けおり、右脇腹には大なる創傷あり肋骨三枚折れ、そのきず口に綿を詰めてありて、腹中より長さ五寸余のアイヌ用ブシ矢出でたるを見れば、必ずアイヌのために傷つけられたるに相違なかるべしと」

——『北海タイムス』明治四十一年九月二十六日

以上のことを「風吹けば桶屋が儲かる」風に解説するならば、「開拓民が増え、熊害が増え、にわか猟師が増え、手負い熊が増え、人喰い熊が増えた」ということになるだろう。
筆者が調べた限りにおいて、ヒグマによる殺傷事件と、それに類する危険な事例を含めた発生件数を元号別に記すなら、明治期が二百十六件、大正期が百七十件、昭和期（終戦前後まで）が百五十七件となっている。大正が明治の三分の一の期間に過ぎないことを考えれば、この時期に殺傷事件が頻発したことは明らかである。

人喰い熊事件が多発したのは、実は大正時代なのである。

「三毛別事件」にまつわる知られざる事実

これまで広く知られている日本でのヒグマによる獣害は、「五大事件」（前掲『エゾヒグマ百科』）とされてきた。

ひとつは、明治十一年一月に発生した「札幌丘珠事件」である。これについては、第一章ですでに触れた。

ふたつめが、大正十二年八月に起きた「沼田幌新事件」である。この事件は夏祭の帰り道、ぞろぞろ歩いている群集にヒグマが襲いかかるという、極めて珍しい事例で、その場で男子一人が殺された後、付近の住宅に逃げ込んだ村人等を追ってヒグマが乱入し、男子の母親がつかまって藪の中に引きずり込まれ、数日後の熊狩りで二人の猟師が襲われ死亡した。犠牲者は四人であった。

大きく時代が移り、昭和四十五年七月に発生した「福岡大学遭難事件」も、悲惨な獣害事件として長く語り継がれている。同大ワンダーフォーゲル部員五人が日高山脈縦走中に、食料の入ったザックをヒグマに漁《あさ》られ、これを奪い返したことから執拗につけ狙われて、結果的に三人が犠牲

も七月二十二日の如きは三千七百□の成金となつたことであらう

二名咬殺され 二名生死不明

沼田村字幌新太刀別 附近に現れた巨熊

雨龍郡沼田村字幌新太刀別御料地の住民《ぢうみん》十數名《すうめい》は廿一日惠比島《ゑびしま》の太子《たいし》祭《まつ》りの歸途《きと》午後《ごご》十一時半頃《じはんごろ》澤通に來蒐《きたか》つた時突然巨熊現はれ

全部附近 の持地《もちぢ》乙松《おとまつ》方《かた》に逃込《にげこ》んだがその際《さい》村田《むらた》幸次郎《こうじらう》（一五）は無慘《むざん》にも咬殺《かみころ》され同人《どうにん》母ウメ（五六）は愛兒《あいじ》の身《み》を氣遣《きづか》つて尋《たづ》ね廻《まは》つてる處を飛《と》びつかれ危《あやふ》いと見《み》て取《と》り兄《あに》與四郎《よしらう》（一七）が熊《くま》に飛《と》び蒐《かゝ》つたので今度《こんど》は同人《どうにん》に重傷《ぢうしやう》を負《お》はせ父《ちゝ》與太郎《よたらう》にも重傷《ぢうしやう》を與《あた》え更《さら》に屋内《おくない》に暴《あば》れ込器物《きぶつ》其他《そのた》を破壞《はくわい》したが家人《かじん》は梁《はり》や屋上《おくじやう》に身《み》を逃れた熊《くま》は

引返して 重傷《じうしやう》のウメを引《ひき》かつぎ畑《はた》の笹中《さゝなか》に下《おろ》して翌朝《よくてう》まで喰散《くひち》らし漸《やうや》く姿《すがた》を消《けし》たがその慘《さん》たらしい光景《くわうけい》目《め》も當《あて》られず虫《むし》の息《いき》の與四郎《よしらう》は澤田《さはだ》病院《びやういん》に入院中《にふゐんちう》だが生命《せいめい》覺束《おぼつか》なく其他《そのた》は輕傷《けいしやう》である

熊《くま》の退散《たいさん》後沼田《ぬまた》村役場《むらやくば》に急を報《ほう》じ消防組《せうぼうぐみ》、在郷軍人《ざいごうぐんじん》分會、青年團員《せいねんだんゐん》の應援《おうえん》を得《え》て熊狩《くまがり》を行《おこな》つたが所在《しよざい》不明《めい》で廿二日夜は徹宵《てつせう》警戒《けいかい》し廿三日は雨龍《うりう》村砂田《すなた》友太郎《ともたらう》外三名《めい》はアイヌの應援《おうえん》を得《え》て

出發した が手係《てがゝ》りなく更《さら》に同日《どうじつ》午後《ごご》一時《じ》永江《ながえ》政藏《まさざう》（五七）は單獨《たんどく》熊狩《くまがり》するとて出發《しゆつぱつ》したが一晝夜《ちうや》經《へ》ても歸《かへ》る模樣《もやう》なく一同《どう》はその安否《あんぴ》を氣遣《きづか》つて居《ゐ》る

死者四名、負傷者四名の大惨事となった沼田幌新事件を報じる記事（『小樽新聞』大正十二年八月二十五日）。

牲となった。学生の一人が事件の経過を克明に記録したメモが発見され、遭難中の生々しい様子が公開されたことで、世間に衝撃を与えた事件である。

もっとも新しいのが昭和五十一年の「風不死岳事件」である。この事件では、山菜採りに山に入ったグループがヒグマに襲われ二人が喰われた。実はそれ以前に、事件現場から四キロ離れた地点で笹藪の伐採をしていた作業員が襲われるなどの事件が起きており、入山禁止であったにもかかわらず、山に入ってしまったために起こった悲劇であった。

そして最後に、もっとも有名かつ凄惨な事件が、大正四年十二月に発生した「苫前三毛別《さんけべつ》事件」である。七人（一説に八人）もの犠牲者を出し、かつ被害者の一人が妊婦であったことなどから、ショッキングな証言が数多く語られた、日本史上最悪の獣害事件である。

その経緯は吉村昭の小説『羆嵐』（新潮社、昭和五十二年）他、ネット上でも多数公開されているので、ここでは取り上げないが、今でこそ広く人口に膾炙した同事件も、年月を経るうちに徐々に風化していった。

この事件について、まとまった物語として発表されたもっとも古い記録は、筆者が調べた限りでは、昭和四年発行の林業誌『御料林』一月号の上牧翠山による随筆「熊風」である。上牧は事件現場から五里余り麓に下ったところに生家を持ち、事件当時は地元小学校の教員であったという。従ってこの大事件はすぐに耳に入っただろう（昭和三十四年発行の『銀葉』五月号、函館営林局、にも「上牧芳堂」の名前でほぼ同じ内容の記事がある）。

事件から十四年を経てまとめられた貴重な記録だが、残念ながら、その内容には事実誤認がいくつかあった。

次に昭和二十二年刊行の『熊に斃れた人々』（犬飼哲夫、鶴文庫）に詳細な記述がある。こちらも事件の経緯をつまびらかに追っているが、発生年を大正十四年としていたり、襲われた児童の家族関係などに、若干の不正確が見られた。

そこで現地調査を重ね、生き残った村人や関わりのある人物から丹念に取材して、事件の全容を初めて正確に再現したのが、木村盛武による『慟哭の谷』（共同文化社、平成六年）である。この作品に先立ち、林務官であった木村は林業誌『寒帯林』百十二、百十三号（旭川営林局、昭和三十九年）の二回にわたり、合計四十八ページもの詳細なレポートを発表しており、苫前町郷土資料館発行の冊子『獣害史最大の惨劇　苫前羆事件』（昭和六十二年）にまとめている。

この木村の仕事により、三毛別事件の顛末は、ほぼ完全に明らかになったと言えるだろう。

しかしそれでも大きな疑問が残されている。

「加害熊に、前科はあったのか？　なかったのか？」

前出『慟哭の谷』中に、古丹別市街に引き出された加害熊の遺骸を見物に来た人々から、戦慄の証言が次々と繰り出されるくだりがある。

「雨竜郡から来たアイヌの夫婦は、「このヒグマは数日前に雨竜で女を食害した獣だ」と語り、証拠に腹から赤い肌着の切れ端が出ると言った。あるマタギは、「旭川でやはり女を食ったヒグマならば、肉色の脚絆が見つかる」と言った。山本兵吉は、「このヒグマが天塩で飯場の女を食い殺し、三人のマタギに追われていた奴に違いない」と述べた。解剖が始まり胃を開くと、中から赤い布、肉色の脚絆が出て来た」

——前掲『慟哭の谷』より要約

いずれの証言でも「女が喰われた」ことが共通している事実に注目である。三毛別事件で食害されたのは女性と男児に限られていたのだ。

そこで手元の「人喰い熊事件データベース」から、三毛別事件以前の新聞記事を辿ってみた。まず山本兵吉（加害熊を射殺した功労者）の、「天塩で飯場の女を食い殺し、三人のマタギに追われていた奴に違いない」という証言については、それらしい記事は発見できなかった。ひとつ見つかったのは以下の事件である。

「去る四日、天塩郡沙流村豊富部落共有地成田牧場に一頭の巨熊現れ、放牧中の小馬を追い回して咬み殺せる上、折柄同所を通行せる幌延役場小使須田某（三十五）にも飛びかかり全身十数ヶ所を爪にて引っ掻き即死せしめ、死体の上に同人の風呂敷包みを載せて逃げ去らんとするところを同牧場内の三上仙太郎他二名のものこれを発見し（中略）一斉射撃をなして遂に巨熊を斃したり」

――『小樽新聞』大正二年十一月十七日

この事件は、三毛別事件の二年前のことであり、犠牲者が男性、かつ獲殺されているので、山本の証言とは大きく異なる。

次に「あるマタギ」による、「旭川でやはり女を食ったヒグマならば、肉色の脚絆が見つかる」という証言である。これについては旭川よりさらに南の南富良野村で起こった以下の事件を指しているのではないかと思われる。

「二十四日午前六時頃、空知郡南富良野村（中略）牧場番人、三宮忠四郎内縁の妻千田八重（五二）は、番舎の前にある厩舎に異様の物音がしたので（中略）行ってみると、（中略）反対の側の扉を蹴破って侵入し、中に縛ってあった馬を屠り、得意になって骨をしゃぶっていた巨熊が猛然と跳ね出で、一撃の下に老婆を斃した。しかして悠然とその胸から頭、次いで腹部に大きな穴をあけ、肺や心臓を始め子宮膀胱に到るまで喰い尽くし、わずかに腎臓と肝臓とを残していた。手も足もそのままであったが、あくまで乱暴な巨熊は老婆を馬の屍体の上に重ね、さらに馬糞、藁などを山のごとくに盛りかけ、あたかも珍味佳肴の宴に酔うたかのようにこの側に座っていたところへ、前日からこの熊を退治しようと思って追跡していた老婆の夫三宮忠四郎が立ち帰ってこの惨状を見て驚き、怨み骨髄に徹し、満身の勇を鼓して巨熊の眉間目がけて一発を放ち見事銃殺した（後略）」

――『北海タイムス』大正四年十一月三十日

まさに三毛別事件を彷彿させる残虐事件であるが、加害熊が現行犯で射殺されていることや、三毛別事件のわずか十日前に発生していることから、同一個体とは考えにくい（南富良野から苫前まで直線距離で百三十キロある）。

最後に雨竜郡から来たアイヌの夫婦による、「このヒグマは数日前に雨竜で女を食害した獣だ」という証言である。

これについては、明確な事件を拾うことができた。

「雨竜郡深川村大鳳（中略）谷崎シャウ（四十二）は、二十五日午後三時、家族三人にて自宅をさる約百間の畑地に作業中、（中略）一頭の熊が駆け来るを認め、一同避難せんとするや、突然後方の藪の中より現れ、シャウに飛びかかり後頭部を掻き、その胸に咬みつき肉をえぐりたるに、他の両人はこれに抵抗、実子武夫（十八）は右手を咬まれ、なお両足に軽傷を負った。熊はそのまま逃走、シャウは絶命した」

――『小樽新聞』大正四年十月一日

発生日時は三毛別事件の二ヵ月以上前であり、雨竜から苫前までは四十キロ程度である。事件を起こした後、地元猟師に追撃され、天塩山中を北へ逃れたとすれば、同一個体による凶行の可能性は十分にある。

また同事件に関して『雨竜町史』に興味深い回顧録を見つけた。

「大正三年〔筆者註：四年の間違い〕、孫を背負って、きのこ取りにいった母が熊を発見した。さっそくその知らせで、田中善八ら数人のハンターが、ま新しいふんをたよりに捜すうち、突如現われた。発砲したがあわてていたので命中しない。私の父は、まさかりを持ちだしてウロウロするばかり。熊は雨竜川を渡って、大鳳で婆さんを殺し、かばった息子に重傷を負わした。（長尾小弥太）」

――『雨竜町史』昭和四十四年

現場は雨竜町南部の戸田農場付近と思われる。とすれば三毛別事件の加害熊は、増毛方面から北上してきた可能性がある。

そこで増毛方面で、それらしい事件がなかったか調べてみると、次の事件を見つけた。

「雨竜郡深川村妹背牛、五井祐吉方の小作人阿部吉五郎（四九）は去月一日雨竜村の人跡未踏なる山奥へ人の噂を耳にして金銅鉄などの埋まれし宝庫探検の目的とかにて鋸ロップ鉈類を携え、家を出で、同夜は雨竜村字国領の知人重田友二郎方に一泊、翌朝単独探検の危険を止むる友二郎の忠告をもきかず山深く入り込みしが爾来帰宅せず、（中略）あるいはなれぬ未開の山林の雪路に迷い熊穴に陥り餓死せしにあらざるかとの噂なり（雨竜通信）」

――『北海タイムス』大正三年六月十日

山中に餓死した男を喰らい、肉食化した加害熊が、人肉を求めて山を下り、雨竜で谷崎シャウを襲ったという可能性も考えられる。

前年に小学生が喰い殺されていた

前出の深川での主婦殺害事件に関連して、実はもうひとつ凄惨な事件が起きている。それは隣の北竜村で大正三年九月に発生した。

「十九日、雨竜郡北竜村字ボウ野沼田小学校生徒、明地勇（十三）および山村米蔵（十三）の二人、午前七時半頃、登校の途中、突然、熊笹の中より一頭の巨熊が現れ、悲鳴をあげる勇を一撃のもとに打ち倒し、爪にひっかけたまま十間ばかりも引きずって勇の臓腑を引き出してこれを喰い、再び熊笹の中に姿を没した（後略）」

――『小樽新聞』大正三年九月二十一日より要約

登校中の小学生が喰い殺されるという衝撃的な事件は、地元民の記憶に焼きついたらしく、いくつかの回顧録に散見される。

「一同が近づいてみると衣服はズタズタに引き裂かれ、内臓は余すところなく食われてしまい、見るも無残な姿に変わり果てていた。明地君の父親は涙をボロボロ流しながら、自分の着ていた印半纏を脱いでその上にかけ、部落民の用意した担架に乗せて笹藪をかき分け家に向かったのである」

――『沼田町史』

事件同日の午後三時頃、五十貫以上もある大熊が仕止められた。新聞も三歳の加害熊が銃殺されたと報じている。

しかし、このヒグマは加害熊ではなかったようである。というのは七ヵ月後の新聞に、「児童を喰殺した熊か」の見出しで、加害熊と覚しき別の熊が目撃された記事が掲載されているのである。

大正四年五月、雨竜郡北竜村の恵比島沢へ砂金鉱区調査に向かった四名が、巨熊一頭が仔熊二頭を引き連れているのに出会し、手負いのまま逃がしたが、仔熊は生け捕った。この親熊が、「昨年十月〔筆者註：九月の間違い〕同地付近にて小学生を喰い殺し、かつ数年来その地方を荒したる熊なるべく（後略）」（『小樽新聞』大正四年五月五日より要約）とある。

ヒグマによる殺傷事件が起きると、必ず熊狩りが行われたが、獲殺されたヒグマが加害熊であったかどうかは疑わしいケースもあった。加害熊かどうかに限らず、とりあえず一頭討ち取ることで、住民を安心させる意味もあったともいわれる。

道東某猟友会のベテラン猟師によれば、「熊の胃袋や糞から被害者の一部や衣服の切れ端などが見つからない限り、断定は難しいのではないか」という。

このとき手負いで逃がした母熊が、明地少年を喰い殺し、谷崎シャウを襲った加害熊だったのだろうか（その場合、三毛別事件を引き起こしたヒグマがオスであるため別個体ということになる）。あるいはまた、三毛別事件を含め、すべての事件を引き起こした恐るべき凶悪熊が別に存在したのか。

筆者は後者の可能性を考えたい。

その理由はいくつかあるが、ひとつは谷崎シャウが襲われた状況から、加害熊の目的が当初から「捕食」であったことが明らかであり、同事件前に、すでに「人間の味」を知っていた可能性が高いことである。

もうひとつは、ヒグマの習性として挙げられる、「以前に喰ったものをしつこく好む」という嗜好性である。

思い起こしていただきたい。三毛別事件で実際に食害に遭ったのは、女性と男児に限られるのである。

以下、『エゾヒグマ百科』を主な参考に、加害熊が襲った被害者を、仮説も含めて襲われた順に列記してみよう。

大正三年北竜村

明地勇（十三）　男児　死亡　食害

大正四年深川村

谷崎シャウ（四十二）　女性　死亡　食害

谷崎武夫（十八）　男性　重傷

大正四年苫前村太田家

蓮見幹雄（六）　男児　死亡

阿部マユ（三十四）　女性　死亡　食害

大正四年苫前村明景家

明景梅吉（当時一）　男児　死亡（三年後）

明景ヤヨ（三十四）　女性　重傷

長松要吉（五十九）　男性　重傷

明景金蔵（三）　男児　死亡　食害
斉藤春義（三）　男児　死亡　食害
斉藤巌（六）　男児　死亡　食害
斉藤タケ（三十四）　女性　死亡　食害
胎児（零）　不明　死亡

一見して明らかな通り、食害されたのは男児と成人女性に限られている。

ここで襲われた男性について見てみよう。

まず三毛別事件の第一発見者である太田家の雇い人、長松要吉は、女性、子供とともに明景家に避難して遭難したが、彼に対する加害熊の行動が明らかに「排除」が目的であり、一撃を加えたのみで深追いしていないことに注目したい。加害熊は老人を食物とは見なさなかったのである。

もう一人の男性、谷崎武夫はどうだろう。彼は年齢的に成人と男児の中間とも言える。そこで筆者はこう考える。

加害熊の目当ては、実は彼だったのではないか。一年前に明地少年を襲ったことから、その味を求めていた加害熊は、武夫を襲う目的で出現した。しかし逃げ遅れたシャウを手近な獲物として襲った。そして女性の味を知り、その嗜好は男児から女性に変化した。これ以降、加害熊の捕食原理は女性が最上位となり、次に男児という序列ができたのではないか。
本件の加害熊が「人間の女」に異常なまでの執着を持っていたことは『羆嵐』でも語られているが、木村によれば次のような事実が確認されたという。

「また不思議なことに、どの農家も婦人用まくらのほとんどがずたずたに破られ、特に数馬宅では妻女アサノ専用の石湯タンポ（中略）を外まで引出し、つつみ布をズタズタにかみ切り、三キログラム余りの石をかみくだいてあった。（中略）ヒグマは最初に食害したものを好んで食おうとし、これを襲撃することが多く、この事件でも婦女をはじめ、婦女が使用した身の回り品にまで被害が及んでいる」

——前掲『エゾヒグマ百科』

些末な例で恐縮ではあるが、動物のオスが「人間の女」を好むことは、筆者のネコを飼った経験からも明らかである。
筆者の愛猫はオスであったが、彼は明らかに女性に抱かれることを好んだ。酒宴の席などに顔を出すと、媚びるような鳴き声でシナを作り、女性にすり寄る。そしてその懐に抱かれると、満足そうに毛繕いを始めるのである。そうして彼は、筆者よりもはるかに長い時間を、その甘美な腕の中に抱かれて過ごすことに成功していた（ここで「ペットは飼い主に似る」等の俗説を持ち出してはならない）。

それはともかくとして、このことは事件の冒頭、太田家の惨劇で、幹雄少年が食害されなかった理由を考える参考にもなろう。加害熊は家屋をのぞき込み、そこに幹雄少年を認め、捕食目的で押し入った。そして少年を一撃し、いざ喰おうとした時、物音に顔を出したマユを認めた。そしてそこに「人間の女の匂い」を感じ取り、対象を変えたのである。

加害熊の捕食原理の変化は、明景家での惨劇で一層明確になる。

右記リストのように加害熊は男児三人を先に倒しているが、真っ先に喰い始めるのは斉藤タケである。そしてタケを食い尽くした後に、ようやく男児を喰い始める。そして飽食すると、莚や布団などを掛けて覆い隠している。これはヒグマがエサを隠す典型的な習性である。木村によれば、遺体はタケを中心に春義と金蔵が頭を並べていた。つまり加害熊はこの三名を「エサ」と見なしたのである。もう一人の犠牲者、巌は加害熊が飽食したためか、主な食害対象とはならなかったが、残念ながら救出後に失血死してしまった。

最後に注目されるのが、襲われた明景宅で唯一の女児であったヒサノ（六）である。彼女は恐ろしさのあまり放心状態にあったとか、事件に気づかずに熟睡していたなどとされている。しかしヒグマの敏感な嗅覚からすれば、そこに女児がいたことは認識していたはずである。にもかかわらず襲わなかったのはなぜだろう。それは彼女が女児だったために、成熟した女性が発する匂いを感じなかったからではないだろうか。

三毛別奥地は人喰い熊の巣窟だった

前述したように、筆者は戦前の新聞資料を、明治十一年から昭和二十年までの約七十年間ぶん通読し、ヒグマに関する事件を拾い上げていったが、その結果、苫前地方一帯では、三毛別事件以外にも、恐るべき人喰い熊事件が続発していたことが判明した。

特に隣村の鬼鹿村で発生した以下の事件は凶悪としか言いようがない。

明治三十年ごろ〔筆者註：明治十八年十一月初旬という説もある〕、留萌郡鬼鹿村の和島屋という菓子店で午後十時頃、仏間の背後で戸板を押し破る激しい音がした。主人は馬が畑へ逃げたものと考え、雇いの定吉が縄を用意して外に出た。すると馬と思ったのは一頭の大熊で、定吉を見るや引き捕らえ肩に担いで、いずこともなく連れ去ってしまった。定吉は必死に助けを呼んだが、起き出る者は誰もなかった。翌朝になって猟夫等十余名を頼み探したところ、定吉は死体の半身を土中に掘り埋められ、残りの半身を大熊がメリメリと喰らっているのを認め、一同鉄砲の筒先を揃えて打ち放ち、見事に射とめた（『おびら歴史ものがたり』小平町文化協会、平成六年他より要約。文・鈴木トミエ）。

その腹を割いてみると驚くべき事実が明らかになった。

「出沢奥に炭焼を渡世とせし老父ありけるが、この老父も喰われしと見え、その腹中に衣類の細片になりしもの、その外、結髪シナ（木皮）にて結いしままのもの等ありたるにて、始めて右老父も害されたる事を知れり、また皮の大きさは長一丈、幅六尺余ありたりと、ある人より寄送されし噺なり」

——『函館新聞』明治十八年十月二日

また明治三十四年にも、次のような事件が起きている。

留萌郡鬼鹿村の安原喜太郎妻河合エン（十九）が、八日午前、字オンネ沢に開墾に行ったまま、午後三時に至るも帰宅しないため、夫が不審を抱き見に行くと、エンの着衣一枚あるのみで姿が見えなかった。親類近隣の者十数名を頼んで探したところ、翌朝五時になって同所渓谷で血痕と頭髪、熊の足跡を発見し、さらに「該畑地より七、八間隔たりたる山腹の凹所にエンは熊のために後頭部および右上腿部を噛み取られ、背部は爪傷数ヶ所を負い無惨の死を遂げおり」（『北海道毎日新聞』明治三十四年五月四日）という壮絶な現場を発見した。

加害熊は、事件後、直ちに獲殺されたという。

事件現場は、右記炭焼き老父の殺害現場にほど近く、さらに三毛別事件が起きた六線沢集落から、尾根を隔てて五キロメートル程度しか離れていない。

『苫前町史』（昭和五十七年）によれば、三毛別川のいくつかの沢から、峰を越えて温寧川の支流に出て、これを伝って鬼鹿市街に下ることができたという。山本兵吉も、これらの沢を通って事件現場に向かったのだろうが、鬼鹿と三毛別はそれほどの至近であった。

また、「戦前の三大ヒグマ事件」のひとつで、四人が喰い殺された「沼田幌新事件」の現場は、六線沢から南へ三十キロ程度でしかない。

六線沢に入地した開拓民は、図らずも虎穴ならぬ「熊穴」に自ら飛び込んで行くことになってしまったとも言えよう。

石狩平野の急速な開拓が招いた悲劇

前に述べた通り、凶悪事件の多くは「増毛―紋別ライン」より北で発生しているが、その理由のひとつが石狩平野の開拓が急速に進展したために、多数のヒグマが増毛山地に追われ、ちょうど「玉突き」のように、その影響が天塩山地にまで及んだためではないかと筆者は推測する。

これによりヒグマ同士の競合が激化し、テリトリーを追われた個体が人里に出没し、手負いとなって凶暴化するという負の連鎖が起きた結果ではないかと考えるのである。

その証左として、大正期の「人喰い熊マップ」を見ると、石狩平野を取り囲むように、多数の殺傷事件が発生していることがわかる。

時代は、第一次欧州大戦（大正三年～七年）による空前の「大戦景気」が日本を席巻し、北海道では開道五十年を記念した「北海道博覧会」が賑々しく開催され（同七年）、道民の悲願であった道産米百万石が達成された（同九年）。衰えを見せつつあった鰊漁も、いまだ豊漁が続いていた。

大正期に入って、道民の暮らしは大きく向上したが、その一方でヒグマの生活圏は、日高山脈、大雪山系、根釧地方、天塩山地など、人間の手の及ばぬ険峻な山岳地帯に封じ込められていった。それはまさに人間の繁栄と表裏一体の関係であった。

夕張山地を隔てた美瑛村一帯で、犠牲者十二名を出す連続人喰い熊事件が発生したのも、この時期、すなわち大正年間のことであった。

第五章

軍事演習とストレスレベルの関連性

〜大正美瑛村連続人喰い熊事件

明治三十年代に石狩平野を撤退したヒグマの一部は東へ逃げ、夕張山地を越えた先に安住地を求めただろう。そこは今まさに開拓の端緒についたばかりの富良野盆地であった。しかしここにも、鉄道という魔物の手が伸び始める。さらにもうひとつ、彼らを刺激する人間の営為があった。本章では大正期を通して美瑛村周辺で発生した連続人喰い熊事件を取り上げ、仮想敵国ロシア（ソ連）に対抗する軍事演習がヒグマへ与えた影響を考察する。

二頭の熊による度重なる襲撃

美瑛町といえば「マイルドセブンの丘」を思い出す読者も多いだろう。濃紺の空と波打つ緑の大地、一直線に伸びる白い雲。美瑛町の美しい風景をそのまま活写した印象的なテレビCMであった。

ところで同町はヒグマの出没多発地域として古くから知られてきた。それは次の新聞記事からも知られるところである。

「被害地のおもなるは美瑛村を第一に、東川村これに次ぎ、剣淵村、鷹栖村の順序にて、常に熊の出没する方面には魚釣りに行きて殺されたる者多きを占め、開墾地および山林の伐木に従事し、もしくは山林に入りて副産物を採取しおりて殺されたる者、または牧場にある人畜等の被害多き（後略）」

――『北海タイムス』大正二年七月六日

このように美瑛村近郊ではヒグマによる殺傷事件が多発した。特に大正期の十五年間には、美瑛村を中心に、東川村、神楽村、芦別村など半径二十キロ圏内で、殺害事件十件（犠牲者十二名）、傷害事件三件（負傷者三名）が起きているのである。

なぜこの地域に、しかも大正期に集中して人喰い熊が出没したのか。

筆者はある仮説を立てたが、それは後段に譲るとして、美瑛村における連続人喰い熊事件の顚末を追ってみよう。

富良野盆地の開拓が始まったのは、明治三十三年の十勝線（後の根室本線）の開通が契機であった。


「明治30年から入植が始まる。明治33年に旭川から下富良野間に鉄道が敷設し富良野を含め周辺市町村が発展する。大正2年には滝川から下富良野間の鉄道も敷設され、旭川・滝川・帯広方面をつなぐ拠点としてめざましい発展をとげる」

——富良野市ウェブサイト

明治三十三年頃の富良野盆地は「短期狩猟でわずかのアイヌの人達が訪れるのみで、開墾して生活した人はほとんどいなかったものと思われる」（「ふらの原野開拓のあゆみ」野尻巳知雄、『郷土をさぐる会（第二五号）』上富良野町郷土をさぐる会）とあり、明治の後半になってようやく開拓が始まったことがわかる。

ヒグマによる殺傷事件は、明治三十七年に上富良野で、四十三年に中富良野で、猟夫がヒグマを撃ち損じ格闘して負傷する事件が起き、四十一年に下富良野で、吹雪に行き倒れた老僧の食害された死骸が発見されたのみで、明治期には人を襲って喰うような凶悪事件は起きていなかった。

しかし大正期を目前に、のどかな村落は一変して人喰い熊の恐怖におびえることになる。

明治四十五年六月十八日、東川村の中心部から四里の助川農場では、小作人数人が農場内の樹木の伐採に従事していた。午後二時頃、近くの山林で熊の咆哮が聞こえたので、一同は胆を潰して逃げ出した。しかしそのうちの今野重吉（三十五）だけが、どういうわけか反対の方向に逃げたので、出会い頭に巨熊と行き合い、飛びつかれて数ヵ所の重軽傷を負った。今野の悲鳴を聞いて、他の二名はマサカリを構えて声の方向へ歩み寄った。すると、「今しも巨熊は重吉の体を滅茶滅茶に引き裂き、その上、両人が逃走せる際、忘れ置きたる半天まで噛み切り、牙を鳴らして立ち上がり飛びかからんとするにぞ、両人は生きたる心地せず夢中となりて下山」した。

翌十九日に巡査が村人を集め、重吉の検死のために現場に赴いたところ、前日の巨熊が再び一行の前面に姿を現したので大騒ぎとなり、若者等は実弾を籠めて発砲したが、熊を取り逃がしてしまった（『小樽新聞』明治四十五年六月二十一日より要約）。

加害熊が翌日まで現場に居残っていたことなどから、食害が目的で襲った可能性が高いが、この時、加害熊を仕止められなかったことが、さらなる惨劇を引き起こす結果となった。

二ヵ月後の八月五日、東川村十九号の杣夫、伊豆徳之助（四五）は、同僚等と同村東二十号の山中で伐木作業に従事中、午前九時頃に突然巨熊が出現したので、一同我先に逃げ出したが、徳之助は不幸にも木の根につまずいて倒れてしまった。熊は徳之助に襲いかかり、たちまち右手、臀部、左足等を噛んで死亡させ、さらに死体を喰い散らかして土を盛りかけ、森の中に姿を消した（『小樽新聞』大正元年八月八日より要約）。

この事件については、地元古老による詳細な回顧録が残されている。

「夏の日差しは暑いので、伐木作業は朝早くから行われていた。大正元年（一九一二）八月五日、今日も好天になるのか、心地よい冷気に包まれての作業であった。

東一九号浜田治助方に寄宿していた宮城県高清水村生まれの杣夫《そまふ》伊豆徳之助（当時四一歳）が、区画外水力電気工事請負人高田辰五郎方の人夫部屋から約九〇〇メートル離れた山林内で、八名の杣夫と共に伐採中であった。

当時の伐採作業は、「小間割制（仕事に対するノルマ）」であったから、みんな仕事に夢中になっていた。杣夫たちの背後に、二頭の巨グマが忍び寄っていることにはだれも気付かなかった。午前六時ころだったろうか、振り向いた一人がクマを見つけ、

「クマだっ。危ないっ！」

と、怒鳴った。その声に二頭のクマは仁王立ちになった。徳之助との距離は五、六メートルだった。

「逃げろっ。」

の声は、青空に谺《こだま》した。杣夫たちは一目散に宿舎目掛けて逃げ出したが、クマも全速力で追い駆けてくる。一〇メートルほど走った徳之助は、不幸にも木の根につまずき、足をとられて倒れた。瞬間、巨グマが覆い被さったのが見えた。

「ぎゃっ。」

という声を最後に、噛み殺されたのである。

翌朝になって、駐在所の湯浅巡査と共に死体の捜索に向かった。襲われた現場から少し離れた切り株の根元近くに、肩から股の左半分の肉全部が掻きむしられて、巨グマが土と落葉を集めて隠していた死体は黒ずんだ血の塊で一層生々しく、無惨な徳之助の死体は検視後に浜田に引き渡された。この事件の一月前に、助川農場内で今野重吉が巨グマに噛み殺されたばかりである。

度重なる事件に村民は恐怖に戦《おのの》き、村では早速、第七師団にクマ狩りを要請した。要請を受けた第七師団砲兵連隊付オーストリア陸軍のレルヒ中佐らが大挙して来村し、クマ狩りを行なったけれども、その甲斐もなく、巨グマの行方は杳《よう》として分からなかったという。縄張りを荒らされたクマたちの怒りでもあったのだろうか」

——『郷土史　ふるさと東川Ⅰ　創世編』平成六年

文中に出てくるレルヒ中佐は、日本にスキーを伝えた人物として知られ、新潟では「ゆるキャ

ラ　レルヒさん」にもなっている有名人だが、そんなことはいいとして、右記回想録で加害熊が「二頭の巨グマ」となっていることに注目である。おそらく母熊と、二歳程度の仔熊だった可能性が高い。地元では助川農場で今野重吉を食い殺したヒグマと同一であろうと噂された。

この加害熊は、その後も東川部落に居座り続け、「二度までも人肉の味を覚えたる熊は、昨今に至りますます跋扈し、白昼人家近くに現れ追い掛けられし者少なからず」（『小樽新聞』大正元年八月十四日）という状況で、村人は戦々恐々であった。

そして伊豆徳之助が喰われてから一週間も経たないうちに、恐れていた三人目の犠牲者が出たのである。

「八月十一日午前七時頃、東川村北五線東七号八号の共同牧場裏山でシナ皮を採っていた小山田彌一は、突然現れたヒグマに驚いて山伝いに逃げ出したが、誤って倉沼川に墜落し、追いかけて来たヒグマによって首筋や背中を掻きむしられた。小山田は声を限りに救いを求め、助川農場の人々がやって来て大声を発したので、ヒグマは小山田を捨てて逃げた」

——『北海タイムス』大正元年八月十四日

九死に一生を得た小山田であったが、生命危篤の状態で、後に死亡したという。

小山田が襲撃された一時間後の午前八時頃には、現場近くの民家で加害熊が目撃され、「硝子窓に怪しき物陰写り、ビリビリ音したるより、（中略）堅く戸締まりをなし、ブリキ缶を叩き立てたれば、熊はようやく立ち去り、一家難を免れたり」（同前）という危険な状況であった。この時、もしも民家に押し入っていたなら、三毛別事件と同様の惨劇が起こったかもしれない。住民の証言によれば、「馬よりも大なる熊」であったという。

東川村役場では、三名もの犠牲者を出した人喰い熊を捨て置けず、合計三十五円の懸賞金をかけた。

そして稀代の人喰い熊も最期を迎えることになる。以下、講談のような名調子の新聞記事を再掲しよう。

「本月十五日、国富牧場付近、東十二号区画外において例の猛熊潜伏せるを発見したれば、湯原磯五郎（五八）直ちに御座んなれとて猟銃提げ駈け出でたれば、（中略）ソレと見るより湯原は銃取り直し狙いを定めて発弾、熊の臀部と腹部に各一弾を喰らわしたれば、熊は傷を負うて大に怒り、猛然として湯原めがけて突進し来たり、その距離わずかに二間程に接近しければ、いずれもあっと湯原を気遣いたるに、豪胆不敵の湯原は泰然として一歩も退かず、ふたたび銃声一発、熊の舌を打ち抜きたれば、さすがの猛熊も一声咆哮すると同時に鮮血を口中よりほとばらし、そのまま十二三間の谷間に転倒しければ、ソレと一同駈け寄り国富氏を始め一同、銃を乱発して頭部眼等を打ち抜きたれば、熊はついに絶命したり」

――『北海タイムス』大正元年八月十九日

ヒグマの死体は荷馬車で東川村役場前に運ばれ、一般に供覧の上、記念撮影がなされた。また熊狩り連のために慰労会が催され、湯原磯五郎、国富忠治の二名に対しては後日、東川村役場より感謝状と十五円が贈呈された。

巨熊が大人の女性を手玉に取る

解剖された熊は、多くの人を喰ったにもかかわらず、非常に痩せていて、体重は四十貫（百五十キログラム）にも満たなかったという（『北海タイムス』大正元年九月二十日）。

しかし不可解な点が残された。

それは射殺された熊が、目撃証言にあった「馬よりも大なる熊」とはほど遠い、中型の痩せた熊であったこと、さらに回顧談にある仔連れ熊ではなかったことである（記事中には残念ながら性別についての言及がない）。

当時は人心を安んずるために、討ち取った熊が人喰い熊ではない別の熊であったとしても、加害熊であるかのごとく喧伝する傾向があった。実際に筆者も、いくつかの人喰い熊事件について、直後に加害熊を討ち取ったにもかかわらず、翌年の新聞に「昨年の事件を起こした熊と思われる」といった記事が掲載されているのを、少なくとも三例は知っている。

そのひとつが明治四十三年に深川村で起きた人喰い熊騒動である。

この事件は、雨竜郡深川村字メムに一尺以上もあるヒグマの足跡が見つかり、地元若者らによる熊狩りが行われたが、手負いとしたのみで逆襲され、矢野春吉（二〇）が即死、更谷清似（一九）が重傷を負い七ヵ月後に死亡した（『誕生会創立七十周年　農業協同組合創立三十周年　記念史』深川市農業協同組合、昭和五十三年）。

新聞報道では、「この稀代の大熊も数発の弾丸を受けて、ついに妹背牛植田重太郎地先にて死亡し居たるを発見」（『北海タイムス』明治四十三年八月一日）となっているが、二年後に次の記事がある。

「雨竜郡秩父別村一条通七丁目唐黍畑へ大熊一頭現れし噂に、十六日午後二時木村喜助、細川春次、青木房吉の三人現場へ出発せしが、この大熊はたぶん昨年夏〔筆者註：一昨年夏の間違い〕深川村メム五号更谷某外一名を喰い殺せし熊ならんとて目下三名にて大捜索中なり」

——『北海タイムス』大正元年十月二十一日

では直後に獲殺されたのは何だったのかということになるわけだが、とりあえず一頭を討ち取って村人を安心させ、同時に遺族の慰謝としたということだろう。

そして案の定というべきか、小山田が襲われた、わずかひと月後に、新たな人喰い熊事件が発生したのである。

「大正元年九月十九日午前六時頃、上川郡美瑛村原野二十一線の早川農場及び霜鳥農場の畑地なる陸軍御用地に大熊が出没し、作物に被害が出た。そこで農場の主人が熊狩隊を繰り出し、小作人、渡邊丑之助（四八）他一名が畑際を進み、他の三人が藪に入り追い出しに従事した。午前九時頃、約二丁位進んだところで突然、前方一間ほどの藪の中から大熊が現れて二人組の追撃隊の渡邊に飛びかかり、たちまち嚙み殺してしまった。三人組は二、三間後方から狙撃して熊の脇腹に命中したので、大熊は猛り狂って、引き返してきた。二発目の弾丸を込めるいとまもなく、大熊は同農場小作人、伊藤八百吉（四八）に飛びかかり、同人を倒して逃げ去った。人々は直ちに伊藤に応急手当を施したが、二十日午前九時頃死亡した。渡邉の創傷は、大腿部、臀部、腹部、心臓部等に約三十二箇所の嚙み傷があり、伊藤は左肺部、腹部、左腕、左大腿部他に六カ所の嚙み傷があり、見るも無残な最期であった。加害熊は同所より八十間程追撃したところで、六発目の弾丸が咽喉部に命中し、斃れた。黒毛の牡熊で七歳くらい、目方は九十貫（三百三十七・五キログラム）あったという」

——『北海タイムス』大正元年九月二十二日より要約

事件の経過を見ると、人間を襲うことになんらの躊躇もなく、また時間的、地理的にも、東川村の一連の事件と極めて近いことや、熊の巨体が前述の目撃証言に合致することなどを鑑みると、こちらが本命の人喰い熊ではなかったかとの推測も成り立つかもしれない。一方で、この事件から二ヵ月後に、以下の記事が掲載されている。

「客月二十五日上川郡美瑛村字美馬牛御料山林において、さきに人を喰い殺せし大熊一頭小熊二頭を捕獲せしことあり、その後なお同所には数頭の熊出没し、本月十一日のごときは農夫泉谷大蔵の仕事中、小屋の下なる掛け莚一枚を熊が引き落としその付近を破壊（後略）」

——『北海タイムス』大正元年十一月二十二日

果たして杣夫三名を喰い殺したのは母仔熊だったのか。それとも小作人二名を喰い殺した巨大なオス熊だったのか。

しかし前掲記事を読むと、複数の人喰い熊が、同時多発的に、この地域に出現したという極めて珍しいケースであった可能性も浮かんでくる。

その証拠に、一連の人喰い熊騒動が落着した後も、不気味な失踪事件が美瑛村周辺で続発するのである。

「〔大正三年六月〕美瑛村字美瑛忠別御料農地、中澤直三郎（八三）は、去る十二日早朝、志比内山中に蕨採りに行くと称して家を出たまま帰宅しないので、志比内青年会員等が大捜索するも今日まで判明せず、志比内東方二里の山中は熊の巣とも称すべきところなので、迷い入って熊の餌食になったのではないかという」

――『北海タイムス』大正三年六月二十一日より要約

「〔大正四年四月、美瑛村南西の〕芦別村上班渓の村上弥太郎が、奔茂尻の林兵吉方に一泊し翌日、兵吉の弟某をともない山に入ったが、一頭の巨熊と三頭の仔熊の足跡を発見したので、弥太郎は兵吉の弟に「お前は素人で危ないから」と帰らせ、一人で深林中に分け入ったまま行衛不明となった。そして二十日余りを経ても帰宅しないので、たぶん熊に喰い殺されたものであろうと、七日に至って捜索隊を解除した」

――『小樽新聞』大正四年五月十一日より要約

「〔大正八年十月〕七日午後一時頃、〔美瑛村北隣の〕神楽村西御料地、島チヨ（四三）が自宅から四十間の水田で稲刈り中、付近山林より現れた一頭の巨熊に襲われ、左耳下に骨膜に達する咬み傷および頭蓋骨露出に至る重傷を負い、ついに死に至った」

――『小樽新聞』大正八年十月九日より要約

この事件については白昼起こったので、目撃者が多かったようである。

「瞬間クマはパッと飛びかかって母親の髪の毛をつかむとグッと怒れる形相もの凄く力一杯引っぱった。とたんに髪は頭の皮と共にスポリとかつらのようにぬけた。力余った熊はどっと後ろへ尻もちをついた。

自分の引力に手ごたえがなくハズミを喰ったので、更に怒り狂った熊は母親の帯をつかむなり棒立ちとなって彼女を空へ向かって投げ上げた。そして落ちてくる彼女を両手で受けとめてまた投げ上げ、受けとめては投げ上げ、何回ともなく子供の手毬遊びのように繰り返すのであった。その間、助けてくれ助けてくれというかの母親の声はあたりの静寂を破って悲しく響いた」


——『開拓秘録—北海道熊物語—附北海道開拓屯田史稿』宮北繁、一九五〇年

そのうち叫び声を聞いた駅員たちがこの有様を発見し、直ちに市街地に知らせ、人々が線路伝いに駆けつけたが、人間を手玉にとっている巨熊にどうすることもできず、ただ傍観するのみであった。ヒグマはチヨが死んだのを知ると、土を掘って死骸を埋め、上から土をかけて立ち去った。

多くの人が目撃したこの事件は、村人に衝撃を与え、百円の懸賞金がかけられて、十月十四日に盛大な熊狩りが催された。その規模は旭川猟友会、在郷軍人会、消防、青年会員ら約三百名、勢子が千四百名という大規模なものであったが、かの三毛別事件で軍隊が動員されたにもかかわ

らず、成果なく終わったのと同様に、「わずかに足跡及び腐木の倒壊あるいは蛾食の形跡類を認めたのみ」で、「慰労の挨拶にて隊を解きたるは午後四時過ぎ、解散後執銃者は小鳥を撃ち、実弾の試射等をなし無銃者は葡萄、茸等を採りて帰路に就けり」(「物々しい神楽熊狩【上】【下】」との見出しで掲載、『北海タイムス』大正八年十月二十四日、二十五日)と、なんのために集まったのか、よくわからない結果となってしまった。

釣り人四人が喰い殺された

結局、加害熊は未獲のままであったが、このことが後の痛恨事を誘発することになったかもしれない。ネコがネズミをいたぶり殺すように、人間を手玉にとる猛悪なヒグマが、再び人間を襲う可能性は極めて高い。それを証明するかのような新たな連続人喰い熊事件が、美瑛村で発生するのである。

「〔大正十二年八月、〕上川郡美瑛村市街地の井上旅館主人、井上萬太郎(六四)は、約二十日前、友人と共に魚釣りに出かけ、山中に分け入りたるまま行方不明となり、今日までなんらの消息がないが、その当時は熊の出没はなはだしく、未だに行方不明なのは、たぶん熊に喰われたものらしく、十四日同村民および消防隊全部出動して大捜索中である。なお同行した友人某は、熊の出たのを見たまま萬太郎を捨て帰り、四、五日経てから井上方を訪れ、熊の出たことを話したため大騒ぎとなったものである」

――『小樽新聞』大正十二年八月十五日

残念ながら、井上がどこの川へ釣りに行ったのか不明だが、美瑛村近郊の川であることは間違いないだろう。

この失踪事件から二年後、再び釣り人が襲われ、原形を止めぬほど食い荒らされるという凄惨な事件が起きた。

大正十四年六月十八日、上川郡美瑛村市街地の雑穀商近藤信一（三五）と近所の丸一運送店店員濱岸睦思（二三）の二名が釣りに出かけたまま行方不明となった。付近の捜索が行われたが、上流の山中に子連れの熊がいるのを発見して、命からがら逃げ帰り、改めて在郷軍人消防団など百名ほどの捜索隊が鳴り物を鳴らしながら捜索した結果、二十一日になって村から三里半の山中ルベシベ二股のオチャンベツ川岸で釣り道具や魚籠を発見し、そこから二丁離れた崖の下で遺体を発見した。

「〔近藤の遺体は〕胴体から上はなく、内臓はことごとく喰われ、また手足もむしり取られ、頭は崖の上に発見された。なお濱岸の死体は両足はなく、顔面は傷だらけで、内臓を喰らって土の中に埋めてあったが、実に目もあてられぬ惨状であった」

——『小樽新聞』大正十四年六月二十二日

「釣竿はオチャンベツ川へ糸を垂れたままであったが、熊は後方から不意に両人を襲ったものらしく、少し離れたところに魚籠がもぎとられて転がっており、そこから五十間ばかりの所にシャツがむしりとられてあったところから見ると、両名は死にもの狂いで逃げたものと察せられ、その附近にはかなり格闘したらしい形跡もみとめられた。一人の方は頭は胴体から咬みきられて別な個所の岩の上へさらし首みたいに置かれ、一人の胴体は土を掘って埋められていた」

——『小樽新聞』大正十四年六月二十四日

また別の新聞では、「美英《ママ》市街地を去る約二里の所に子熊が親熊に番をさせつつ両名の死体を食いおるを発見、ひとまず引き返し青年団、軍人分会その他の応援を得て二十一日早朝、熊狩りに赴きしも姿を見失えり」（『読売新聞』大正十四年六月二十二日）と報じており、加害熊が仔連れであったことがわかる。

美瑛付近では毎年熊が出没し、前年秋にも巨熊が市街地まで出て来たので、この年には大々的な熊狩りの計画があり、歩兵第二十八連隊に機関銃を装備した兵隊の出動を要請したが断られたという。

加害熊は未獲のまま夏に入り、ついに三人目の犠牲者が出てしまった。

九月二十一日、上川郡美瑛駅前の釣師中村藤吉（六三）が市街地から二里（八キロメートル）のルベシベ五線川へヤマベ釣りに出かけたまま戻らず、二十三日になって熊の被害に遭ったものと近隣の者数名が捜索したが、やはり見つからなかった。二十四日になって熊撃ち名人のルベシベ御料地農夫、齋藤金五郎が二名を従えて五線川を遡っていくと、焚き火の形跡を認め、付近は丈余の熊笹が茂り、いかにもヒグマが隠れていそうなので、一人が投石すると、小牛ほどもある巨熊が躍り出て猛然と飛びかかってきた。すかさず発砲すると、肩胛骨に命中し、なおも逃げ出す熊の背に追い撃ちをかけ、三発で仕留めた。その後付近一帯を捜索すると、ほど近い大木の根元に左足両手、顔面、臓腑が食い散らされた藤吉の死体が埋めてあるのを発見し、直ちに帰村して急報した。

「この人喰熊は丈七尺［約二百十センチメートル］重量六十貫［二百二十五キログラム］五歳の牝熊で、去る六月同村の近藤某外一名を喰殺した熊も同一のものらしく、同日市街地へ馬車で運搬の途中、一人が熊の背中に馬乗りになったところ、口中から前日飽食した人肉を多量に吐出した、その凄惨な様に人々は思わず戦慄して面をそむけせしめた」

――『小樽新聞』大正十四年九月二十七日

事件現場であるルベシベ川は、十勝から石狩に抜ける最短経路で、熊の通り道であったことが推測される。『富良野市史　第二巻』（昭和四十四年）によると、「アイヌらは上富良野町江幌から美瑛川支流のルベシベ川上流に出て、山を越して一気に空知川を下っていたものと思われる」とあり、古来アイヌの踏み分け道であり、同時にヒグマやシカなどの通路でもあったらしい。

事件に至るまでの加害熊の足取りを追うことは不可能に近いが、次のような記事もある。

「美瑛村藤山農場に仔熊を連れたる巨熊出没し、作物をくい荒らし夜間、空小屋数軒を破壊し鶏舎を襲う等危険なるため（中略）総出にて追撃せるも、わずかに手負いをせしのみに終わり、手負い熊の復讐を恐れ、隣接せるもの三四軒ずつ集団就寝の有様なり」

――『北海タイムス』大正十二年十月十九日

この手負いの母熊が、釣り人を四名までも喰い殺した加害熊であったかもしれない。

陸軍美瑛演習場の影響

なぜ美瑛村周辺で、大正期に集中して人喰い熊事件が多発したのか。その原因として考えられるのが、明治四十年に設置された「陸軍美瑛演習場」である。

美瑛演習場は市街地の南東に位置する原野約千五十五町歩で、「丘陵四辺につらなり、小流その間を貫きて、演習場として好適なることその比を見ず」といわれた。「主として歩、砲兵の戦闘射撃を目的とするもので、歩兵一個連隊を収容するに足る廠舎を設けられ」(『美瑛町史』昭和三十二年)とあり、一個連隊の員数が二千名であることを考えると、かなり大規模な施設であったことがわかる。

実際には明治三十五年頃から射撃訓練地として使用されていたようで、「第二十七連隊は本日より十二日間、美瑛において一個大隊ずつ交互戦闘射撃を開始する都合にて(後略)」(『北海タイムス』明治三十五年八月七日)などの記事がある。

『北海タイムス』(明治三十六年十月三日)に、第十三、十四旅団による東西対抗の軍事演習に随行した記者の「演習陪観記」があり、両軍の陣容が詳述されている。

東軍支隊編成の大要

歩兵第二十七連隊　人員一五三八　馬匹　五六
野戦砲兵第一大隊　人員　一九〇　馬匹一〇六
合計　人員一八九三　馬匹二六四

西軍支隊編成の大要

歩兵第二十八連隊　人員一五〇五　馬匹　五九
野戦砲兵第一大隊　人員　一九三　馬匹一〇三
合計　　　　　　　人員一八六五　馬匹二六六

東西合わせて四千名近い人員と、五百頭以上の軍馬を動員した大規模な演習であった。これに参観者や招待客、野次馬等を加えれば数千人に達したのではないだろうか。

そしてその演習内容は、まさに戦場そのままの臨場感であった。

「砲火は東軍の砲兵陣地より開かれ、山砲は轟然一発、寂寞を破って放たれたりき、続いて右翼の歩兵は射撃を始めき、ここにおいてか西軍左翼の前隊は応じて乱射すこぶる急なり、その声こだまに響いて殷々たり、またこれと同時に西軍の砲列より爆然たる野砲は火ぶたを切られ、なおまた本隊よりも小銃は打ち出されぬ。一斉射撃は東軍も起こりぬ、山砲も放たれ彼我の硝煙蒼々たる荒野を圧し、飛び交う弾丸は雨に似たり、四顧の風物うたた暗澹黄朧」

——第十三旅団機動演習記（三）『北海タイムス』明治三十五年十月十四日

大砲の音はどれくらいの距離まで聞こえるだろうか。元陸上自衛官の知人によれば、戦車の大砲で平地なら三キロメートル程度という。

ヒグマの親戚である犬は、だいたい人間の四倍の聴力を持っているので、おおざっぱに平地で十二キロメートル離れていても聞きとることができるわけだが、殊に高音域に、より敏感なので、砲弾の落下音などは、それ以上の距離からでも感知できたかもしれない。

また犬がヒトの数千万倍の嗅覚を持つことは、よく知られているところである。演習地での硝煙などは、風向きによっては相当離れた場所でも感知できたに違いない。

動物が照明や騒音、匂いなどに精神的抑鬱を感じることはよく知られている。軍事演習による継続的なストレスレベルの高まりが、付近に棲息するヒグマを凶暴化させた可能性がある。

北海道で軍事演習が盛んに行われた背景には、言うまでもなくロシアとの緊張関係がある。日本陸軍の仮想敵国は一貫してロシアであり、北海道はその最前線であった。旭川に司令部を置く第七師団の別名は「北鎮部隊」であったし、そもそも屯田兵は「北門の鎖鑰《さやく》」という言葉が示す通り、ロシアに対する備えであった。

そのロシア帝国も、第一次大戦中に発生した「ロシア革命」（大正六年）により崩壊し、ソビエト連邦となった。しかし中央政府の影響力はいまだ乏しく、極東シベリアは事実上、無政府状態であった。

ウラジオストックは、日本人、中国人、朝鮮人、ロシア人が雑居する交易都市として活況を呈し、日本からの定期船も就航していた。

「シベリア出兵」（大正七年〜十一年）は、政治的空白地帯となった極東地方で日本が勢力を伸ばすチャンスであった。七百名もの在留邦人がパルチザンによって虐殺された「尼港事件」（大正九年）は、そのさなかに起こった惨事であった。

このような時代背景の中で、北海道において軍事訓練が活発に行われたのは当然であったと言うべきだろう。

しかし美瑛村における人喰い熊事件は、大正十五年を境にぱったりと終息してしまう。

その理由は同年五月に発生した十勝岳の大噴火によって説明できるが、詳細は後章で述べたいと思う。

第六章

受け継がれる人喰い熊の「DNA」

〜北見連続人喰い熊事件

大正期に大発展を遂げたのが道東、とりわけ北見地方であった。その背景には、鉄道基線の延伸と、第一次大戦による未曽有の好景気があった。開拓民の大量流入は当然、ヒグマとの強い緊張関係を生み、北見地方各地で殺傷事件が頻発するようになる。本章では大正から昭和初期の北見地方における連続人喰い熊事件を取り上げ、出現確率が「千六百〜二千五百頭に一頭」に過ぎない人喰い熊が、同地方に集中した事実から、ヒグマに受け継がれる「人喰い」の系譜について考察する。

第一次大戦景気による道東の発展

明治三十年に制定された「北海道国有未開地処分法」は、北海道の拓殖を大きく進める法的根拠となった。

この法律は、明治十九年の「北海道土地払下規則」をさらに推し進めたものであった。同規則では、国有未開地を開拓民に貸し下げ、期限までに開墾に成功した者には千坪＝一円で払い下げて、未成功ぶんは返還するというものであった。しかし「処分法」では、開墾地は無償で付与され、処分地も拡大された。これにより、「明治四一年六月までの貸付面積は実に一四二万五〇〇〇町歩を数え、道内における農耕適地の大部分が処分されたのである」（『新北海道史』）。

一町歩＝約一ヘクタール＝〇・〇一平方キロメートルで計算すると、総貸付面積は、一万四千二百五十平方キロとなり、北海道の面積七万七九八三・九平方キロメートルの、約十八％が開墾される運命となった。この結果、「明治一九年、水産額の二割に満たなかった農作物は、明治三三年、水産額を凌駕して生産額の第一位となり、三六年からはその地位を譲らず、農産物生産額は総生産額の約四割を占めるようになった」（前掲書）。

それまで漁業にのみ依存してきた北海道が、農業という新たな基幹産業を獲得したのであった。

農業の発展は人口の激増を促した。明治三十四年に百万人を突破し、明治四十二年に百五十万人、大正六年には二百万人を突破した。

なかでも著しい増加を示したのが、北見、天塩地方で、北見では明治四十一年に八万人であったのが、大正二年には十二万七千人に（六割増）、天塩では九万七千人が十四万人に（四割増）増えている。

北見地方は、道都札幌からあまりにも遠いことが、初期の開拓から取り残された原因であった。

「当時、北見の交通不便なことは言語に絶し、すべての物資は、函館小樽の港から回漕せられるので、東は根室から知床の鼻を廻り、西は稚内を経て宗谷の鼻を廻るという有様で、（中略）もし天候不良で積荷の陸あげのできない時には、北見沿岸には船の宿り所なく、西は稚内、東は根室まで避難して、天候の回復を待って出直して来るという有様でした（「屯田兵古老物語（二）」名越源五郎）」

——『昔話北海道』札幌中央放送局編、北方書院　昭和二十三年

網走監獄の囚人によって開削された、旭川と網走を結ぶ「北見道路」は、明治二十四年には早くも開通していたが、その実態は「泥濘膝を没し、泥の深さは馬腹に達する」という状況で、「明治30年代に入っても、まだ通行も稀な状態で、性質上は重要な意味を持ちながら、今だ実効

を発揮する段階には達していなかった」（「北見道路（北海道）の建設と囚人労働」奥山亮、『北海道地方研究』臨時増刊（8））。

このため鉄道の開通は、同地方の住民にとっては悲願であった。

十勝の池田と、北見、網走間が開通したのが大正元年だが、この時の網走市民の熱狂ぶりは大変なものであった。

「鉄道の開通はただちに土地の繁栄をもたらし、陸蒸気の汽笛は限りない文明開化の恩恵を運んでくる信号であった。すべての物資を海港に依存し、冬季間はそれすら途絶する北見では、住民の生活経済を変革する大事件で、その喜びも熱狂的なものがあった」

――『網走市史　下巻』昭和四十六年

これ以降、大正五年に北見―湧別間、大正十年に名寄―興部間、大正十二年に渚滑―北見滝ノ上間が開通するなどして、北見地方の鉄道網は大正年間にほぼ整備された。

実際、この時期の道内の国有鉄道建設の約半分は北見、網走地方に集中していて、「拓殖を目的とする鉄道敷設の重点が北見地方に移ったこと」（『新北海道史』）を物語っていた。

こうして北見地方は本格的な開拓の時代を迎えたが、この地域が初めて全国的な注目を浴びたのは、第一次大戦期の好況時だろう。大正四年ころから、豆類をはじめとした農作物価格が一気に二、三倍に跳ね上がったのである。

「もっとも目をひいたのは農産物の暴騰ともいうべき価格騰貴であった。戦争の勃発とともに軍馬用の燕麦が急激に需要を増し、戦争が本格化するにつれてヨーロッパ交戦国の農産物生産は減少して自国の需要さえみたしえなくなり、これを非交戦国にあおぐようになった。（中略）北海道の農村の全体がこれによって大いにうるおったといえる。開拓農民の多くは、入地以来はじめてまとまった現金を手にすることができたのである」

――『新北海道史』

もともと北海道の農業には、やや投機的な気配があった。その理由として、自家消費用ではない商品作物としての生産率が、他県と比べて非常に高く、土地が広く大量生産が普通であり、水田よりも畑地が多いため、作物の転換が容易であったことなどが挙げられる。要するに機に応じて大量に作付することが可能だったわけである。

この未曽有の好景気が、北見地方の人口を急増させた。「来住者到着国別戸口表」（前掲書）を見ると、北見国への移住者は、毎年ほぼ一万人ずつ増え、大正九年には二十万人を突破した。

そしてこのことが、ヒグマとの新たな係争を生むことになったのである。

逃走した人喰い熊

明治期の北見地方における殺傷事件は、枝幸砂金地での襲撃事件以外は、ほとんど記録がない。猟師が手負い熊に逆襲され死亡した記録が二件ある以外は、次の回想録が残るのみである。

「明治四四年四月七日のこと、兄が止別一九号線六号の既存農家茶畑仁平から馬を借りて、網走の遠藤回送店まで荷物を取りに行き、その馬を返しに行く途中で熊に襲われて死体も不明になった。（藤石今朝之輔談）」

——『小清水町百年史』昭和五十六年

しかし大正十年頃から、北見、斜里、紋別などで、人が喰われる事件がにわかに増え始める。

大正八年八月二十三日正午頃、斜里郡小清水村と字浦志別間の道路測量人夫天幕張内飯炊き夫、芋田吉次郎（七二）が小川で野菜を洗っていると、突如川向かいから一頭の巨熊が現れ、吉次郎に飛びかかり、顔面より頭部にかけて滅茶滅茶に引っ掻いて川上にノソノソと立ち去った。同人は老人だが気丈者で、大出血に全身血に塗れたるまま宿舎に走り込み、大騒ぎとなった。傷は右眼より前頭部にかけ約五寸以上の裂傷の外、眼窩下部より顴骨まで二寸五分の裂傷、肩には五本の爪で引っ掻いた傷があり、生命覚束ないという。

さらに同日午後四時半頃、またまた浦志別、山形団体の阿部ルイ（十七）が、自宅より約百五十間の前記小川上流でマグサ刈りの最中、同巨熊が現れて後方より飛びかかり、数ヵ所の傷を負わせ、ルイも病院に担ぎ込まれたが、右鼠蹊部に長さ五寸四分幅二寸、深さ二寸五分の重傷のほか、大腿部までに四ヵ所の裂傷、左側腹部、側胸部および左手三角筋部外上膊部等にも四ヵ所負傷、これまた生命危篤である（『小樽新聞』大正八年八月二十九日より要約）。

二名の重傷者を出す惨事であったが、加害熊は未獲のまま、時は過ぎていった。そして二年後、犠牲者一名を出す新たな事件が起きた。

大正十年八月二十八日午後六時頃、小清水村大字蒼瑁《あおしまない》村保田農場の佐々木市之助（三一）が、大熊に喰い殺されたのである。

「同被害者方より十数間隔たった草叢に骨肉飛散しおりしより、所在不明となった市之助が熊に喰い殺されたこと判明し、なお付近を捜索するに、市之助の着したる衣等が引き割きて捨てあるを発見、その先き先きに内臓等の散乱しておるを認め、それからなお二百間進むに、市之助の残骸横たわりおり、少し離れて二頭の熊は眠りおったが、人の足音を聞き付け逃走した（後略）」

——『小樽新聞』大正十年九月二日

地元古老も、この事件について記録している。

「忘れもしない大正一〇年七月二九日のこと、夕方五時ごろ佐々木市之助さんが部落の用事で、私の土地の木イチゴの満生地を通過したとき、木イチゴを食べていた子熊二頭づれの巨熊三頭に襲われて殺され、四〇〇間ぐらい荒山に引き込んで食べていたのである。（中略）連日探索の結果、一週間ぐらい後に射殺することができた。ところが、この懸賞つきの熊については、「けっきょく佐々木さんを襲ったのとは違う熊を仕止めた」（奥山仲蔵談）という証言もある」

――『小清水町百年史』

加害熊の射殺については新聞も報じていて、「小清水村民の激昂甚だしく大挙捜索中であったが、ついに一日正午十二時頃、同地大西牧場の南方六百間の林中において追撃隊山戸邦太郎、アイヌ国見善蔵、木村丑松、今中定吉四名の発見するところとなり四名のために殺されたが、該熊は年齢五歳の牝熊にて目方は四十貫以上あったと、（中略）右牝熊は二歳と一歳の仔熊を連れおったが、いずれも逃げ去った」（『小樽新聞』大正十年九月五日）となっている。

たしかに当初の目撃では二頭のヒグマ（おそらく親熊と仔熊）であったはずなのに、射殺されたのは三頭連れである。

二年前に老人と娘に重傷を負わせた個体は「食害」ではなく「排除」が目的であった。しかも積極的に排除行動に出ていることから、おそらく仔連れの母熊による凶行であっただろう。

一方で佐々木を喰った熊は「食害」が目的であったのか、「排除」の結果「食害」に至ったのか判然としないが、いずれにしても同一個体による凶行の可能性は捨て切れない。

そして証言にあるように、捕獲したメス熊は別個体で、本命は未獲のまま逃走した可能性がある。

果たして加害熊はどこへ消えてしまったのか。

連鎖する「人喰い」の血

さらに二年後、今度は小清水村の北西百キロに位置する紋別市で、忽然として殺傷事件が頻発するようになる。

「[紋別市北部の] 沙留集落郊外で、大熊が現れ放牧中の馬が喰い殺される事件があり、二十名ばかりが現場に行ってみると、肉はことごとく喰らい去られ、頭部足部の一部分を余すのみで、一同これを運搬しようとしたところ、付近の草叢より猛然と唸りを立て一頭の大熊が現れ、一同生命からがら逃げ帰ったが、逃げ遅れた杉吉某がすでに餌食とならんとする時、居合わせた真柳某が一発銃弾を放ったが、熊の腰部に命中したるのみにて、遂に見失い、目

『小樽新聞』（昭和三年十一月十日）に「熊！　熊！　何と巨きい熊ではありませんか！　年齢十七八才　体重百六十貫」の見出しで掲載された写真。記事には「この巨熊は先月中旬、紋別郡上湧別村字フミ原の佐藤高蔵住宅後方で同人が射殺したものです。前年同村の三谷熊治が熊に取られた事がありましたが、どうもこの巨熊らしいとの事です」とある。

下村民大挙して熊退治をなすと、（中略）なお熊の足跡は周囲二尺五六寸にて直径一尺もあり身長七尺位の巨熊なりしと」

——『北海タイムス』大正十二年八月三十一日より要約

二十名もの人間の集団に挑みかかるという大胆な行動は、餌に対する激しい執着を物語っているわけだが、残念ながら、この手負い熊が獲殺されたという続報はない。

翌年、同じ沙留集落で、ついに人が喰い殺される事件が発生した。

「数ヶ月来より大熊出没し、人心恐々たる北見国沙留村ポンサルル原野にては、各自警戒に怠りなかりしに、八月三十一日大熊出現し作物を害したるをもって、同地伏見某（六四）は仲間の竹中某と共に同所において発砲せしに、たしかに命中せしも、夕刻のこととて死体を捜索するあたわず、翌一日再び同所に至り捜索中、突然叢より手負いの大熊躍り出で竹中某に飛び付き、見るも無惨に咬いつきしを、かくと見たる伏見は急を近所に知らせたれども、これまた夕刻とて如何ともなしがたく、翌二日同地及川巡査及び青年団総出にて熊狩りをなしたるに、熊は銃弾三個を命中し斃れたるが、竹中は生命危うし」

——『北海タイムス』大正十三年九月四日

この事件は『西興部村史』（昭和五十二年）でも触れられていて、「大正一〇年ころ、名寄のアイヌ猟師が、中藻フトロ沢で熊に殺害され」となっており、どうやら竹中は死亡したらしい。そして加害熊は銃弾三発を受けて射殺されたことになっている。しかし人喰い熊事件は、その後も続発するのである。

さらに翌年の大正十四年、紋別南部の湧別村で凄惨な事件が起きた。

「北見上湧別村字南兵村第三区農三谷熊治（三八）は、本月二十九日午前三時頃同村富美集落の山林で枕木運搬のため馬車で向かったが、同人の馬が倒れ馬車には枕木四本ばかり積んであるのみで、三谷の影の見えぬのを後より登山した運搬人が不審に思い、付近を尋ねてみると、熊の足跡があるのを発見し、直ちに富美部落に急報、部落民総出となり、山奥の谷間で、「内臓全部を喰い尽くした腰より下部を発見、さらに谷間に、見るも無惨の上体を発見」した。熊は足跡があるのみで、影だに見えなかった」

——『北海タイムス』『小樽新聞』大正十四年八月二日より要約

この事件は富美集落で長く語り継がれたらしい。『上富美部落史』（昭和六十一年）によれば、三谷は事件の前日、「可愛い仔熊がいたから明日はこれを掴まえてくる」と家族に言っていたそうで、当日は一人で朝早く出かけ、同業者が二、三人山へ行ってみると三谷の馬は馬車とともに沢の中に転げ込んでいて、三谷の姿が見えないので驚き、急遽役場に行きこの事を知らせて熊狩りを行ったところ、血糊のついている縄を見つけて辿っていき、すでに内臓のなくなっていた三谷の屍を見つけた。この加害熊は三年後、同部落内で射殺されたという。


紋別地方の開拓民を震え上がらせた凶悪事件は、まだまだ終わらない。

翌年の大正十五年、二件の殺害事件が立て続けに起こった。

この年の春から、紋別西部の上興部村の山林に、毎日のごとく二頭の仔熊を連れた大熊が農家近くに現れるので、付近の農夫は仕事も手につかない有様であったが、五月二十日午後四時頃、森下安太郎の妻キヨ（四七）が畑仕事中、隣地森林内から突然、仔熊二頭を引き連れた大熊が現れたので、キヨは救助を求めながら我が家をさして逃げたが、遂に自宅から五十間程のところで追いつめられ、森林内に引きずりこまれた。

一方、この惨事を知らぬ安太郎は午後七時頃、妻の帰宅の遅いのを不審に思い探しに行くと、妻の着物や帯等が血に染まって落ちているので大いに驚き、さっそく付近の人々を呼び集め、血潮の痕を辿ったが、既に暗黒となったので、ひとまず引き揚げた。二十一日午前三時から部落民らが死体捜索に向かったところ、笹藪の中に「全身数十ヶ所の爪あと、右足の大半はくらい尽くされ惨状目も当てられず」という死体を発見した（『北海タイムス』大正十五年五月二十三日）。

事件の経緯は『開拓秘録　北海道熊物語』にも詳述されている。

「その日、森下さん夫妻は未開地を開墾するため幼な児三人を連れ、子供には石油缶をたたかせては熊の近よるのを防ぎながら、柴木や障害木を伐採していたが、昼食時となったので森下さんは子供三人と先に帰り、妻女は焚き木を集めるため後に残り、あちこち柴木を集めているところへ突然二匹の仔熊をつれた牝熊が現れて襲いかかってきた」。森下は妻の悲鳴を聞きつけて現場に駆けつけると、「既に熊は山にかくれ、あたりは入り乱れた人と熊の足跡、点々たる血痕にびっくり、妻の名を呼びつつ付近の笹藪を探せば、畑地から四、五十間離れたところに衣類はずたずたに裂かれ、股部その他所きらわず嚙みとられた無残な妻の死体を発見したが、その残酷さにしばし無念の歯を食いしばったのであった。殊に憎いことには熊はぶどう蔓で死体の手足をしばり傍らの木の根に結びつけてあるのであった」（「第三十四話　妻の残骸に男泣き」瀬戸牛村、熊谷小一郎氏談）。

加害熊は三日目に、現場に舞い戻ってきたところを猟師が射殺したという。

新聞にも続報があり、「人妻咬殺の巨熊を射止む　仔熊二頭も一緒に　復讐した部落民」（『小樽新聞』大正十五年五月二十五日）の見出しで、二十二日午後四時頃に射殺したと掲載している。

しかし事件は、これでは終わらなかった。

同年秋、中渚滑と紋別との里道で、中山儀市（三五）、片川信吉（五七）、丸山茂平（五三）の三名が薪切りをしていると、午前十時頃に、ヒグマが中山の背後より一声高く飛びかかろうとしたので、中山は夢中で斧をふりあげ脳天目がけて一撃を加えたが致命傷には到らず、狂いに狂ったヒグマは中山の左腕に嚙みつき、振り廻したので、中山は悲鳴を上げて絶息した（『北海タイムス』大正十五年九月十五日より要約）。

片川らが人を頼んで現場に戻ると、「熊は悠然として中山の太股にかぢりつき居る」のを認め、直ちに銃殺した。加害熊はオスで、食害が目的であったことは明らかである。

ここで筆者は、「ある可能性」について考えてみたい。

実は森下キヨ殺害事件以降、まったく同じ手口の「人妻食害事件」が、北見地方各地で二件も記録されているのである。

「畑から熊にさらわる　雄武の人妻　北見国雄武村字中幌内原野農市兵衛妻伝法ソト（五三）は、二十九日夕方自宅を距たる五十間の畑にて作業中、突然熊に襲われそのまま山中に持ち運ばれたので部落民総出となって捜査の結果、無惨の死体となって発見された」

――『小樽新聞』昭和三年十一月二日

事件の記録はこれしかないが、現場が森下キヨが襲われた上興部村に近接する雄武村であり、しかも事件経過が酷似している。

さらに興味深いことに、昭和七年にも、同様の事件が斜里村で発生しているのである。

「燕麦刈りの女　熊に喰い殺さる　きのう斜里村鶴ノ巣で　斜里村鶴ノ巣五線九号永次郎

妻福士ミヨ（四〇）が四日午後四時五十分ごろ、自宅前で燕麦刈取り中、熊に襲われ、同所から三十間をさる山中で、臓腑を露出し喰い殺されているのを午後五時半に至り捜索中の長男永治が発見した。部落では目下熊狩りの準備中である」

——『北海タイムス』昭和七年九月六日

これら三つの事件の要点をまとめてみよう。

- **いずれもオホーツク沿岸の集落で発生した。**
- **いずれも農作業中の女性が狙われた。**
- **襲撃の目的が食害であることが明白である。**
- **発生日時が、大正十五年（昭和元年）、昭和三年、昭和七年と、二年ないし四年のタイムラグがある。**

三つの事件が同一個体によって凶行された可能性もないことはないが、雄武村から斜里村まで直線距離で百六十キロメートルあるので、別の個体の仕業であると考えるほうが自然だろう。

そこで筆者が考える「ある可能性」というのはこうである。

個々の事件は別個体による凶行だった。つまり加害熊はそれぞれ別である。しかしそれらの個体は、血縁関係にあったのではないか。言い方をかえれば「人喰い熊の子孫たち」によって引き起こされたのではないか。

道央富良野付近でも「受け継がれた」事例が

ここでひとつの事例を挙げよう。

それは明治三十七年に下富良野村幾寅で起きた陰惨な事件である。

「少女大熊に攫《さら》わる―空知郡下富良野村字幾寅、士別南二線西四十五番地の農業、笹井源之助は、夫婦の外に長女イチ（十一）との三人暮らしにして平生、夫婦が農事に出かけた後は、子供に留守居をさせるのを常としていたが、去る二十一日の朝、例のごとく夫婦が出かけた後に、イチはひとり留守を守って家の表に遊んでいると、正午頃になって二、三頭の大熊が現われ出たので、イチは大いに驚いて、慌てて隣へ走ろうとした刹那、一頭の老熊がイチを目がけて飛びかかりざま、かよわき少女の抵抗する術もなく、そのまま近辺の草むら中に引きずっていって、牙をうち鳴らして餓腹を満たした。人足稀れなる山家の事とて、この大惨劇を知る人は絶えてなかったが、たそがれ頃、笹井夫婦が帰り来たり、娘がいないのに不審を起こして四辺を捜すと、あちこちに大きな熊の足跡いくつとなく、血の痕さえ混じって散乱していたので、にわかに騒ぎ出し、近隣の人々を集めて捜索してみると、自宅より三十間ほどの道路に血痕の点々散在しており、さらに東方約三十間の箇所に、イチの着衣袷一枚、茨の小枝に引っかかっており、さらにそれより約六町ほど隔たった森林中に、大熊のために噛み殺されたイチの死体を発見したが、その惨状は目も当てられぬ有様」で、「四肢および臀部はもはや腐爛して白骨をあらわし臓腑その近辺にあふれ出で」(『北海タイムス』明治三十七年七月二十四日より要約)、さらに「頭の骨は剝げて顔もわからず、大腿骨から腰の辺り、臀部、陰部に至るまで肉は一面に噛り取られ、四肢の関節はいずれも離脱せるなど、さながら茹蛸のごとく、惨絶の光景に人々は覚えず眼を覆ったという」(『小樽新聞』明治三十七年七月二十六日)。

あまりにも残酷な少女の最期であった。

「大惨劇を知る人は絶えてなかった」のに、なぜ細部まで詳述されているのかという疑問は残るが、ともあれ状況から判断して、イチを捕食するのが目的であったことは明らかであった。

筆者がこの事件を取り上げたのは、襲ったのが「二、三頭の大熊」であったという一節に注目したからである。「大熊」とあるので、おそらく母熊と、二歳程度の仔熊二頭であっただろう。

ヒグマは生後四ヵ月で母熊と同じ食物を採食するようになり、一定期間、母熊と行動をともにすることで、母熊の捕食したものをともに食べ、採食行動を覚えていくという(『羆の実像』)。

つまりこういうことである。母熊は、イチの肉体を通して、人間が「喰いもの」であることを仔熊に教えたのではないか。

イチがいとも簡単に捕らえられ、藪に引きずり込まれる一部始終を、二頭の仔熊は見ていただろう。そして人間が、鹿や馬などよりも、はるかに簡単に捕らえられる弱い生物だということを学び、同時に人肉の味わいも覚えたに違いない。

筆者がそのように考えるのには理由がある。

それは、イチが喰われた事件以降、殺害現場である下富良野幾寅周辺で、長期にわたって人喰い熊事件が確認されているからである。


たとえば明治四十一年、幾寅から北へほど近い富良野町内で、六十歳ほどの行脚僧の凍死体が発見されたが、腹部、大腿部が喰われ内臓が露出していた（『小樽新聞』明治四十一年四月十一日）。

また明治四十二年には、幾寅の東、狩勝峠手前の山道に、人夫の足が転がっているのが発見された。巡査が取り調べたところ、「現場にはただ髑髏一個、脊髄片骨一本及び両脚の骨のみにて、左足踵先はわずかに残れる肉片に足袋をうがち、右足もまた足袋をうがちしまま脛骨以下存しあり、付近に骨片散乱し見るも無惨なる有様なりし由」（『小樽新聞』明治四十二年十月八日）という状況で、ヒグマに喰われたことは明らかであった。

さらにまた大正四年には、三毛別事件の章で取り上げた、馬小屋で老婆が引き裂かれるという凄惨な事件が起きている。

これらの事件は、いずれも幾寅から約二十キロ圏内で発生しているのである。同じ地域で長期にわたり、人喰い熊事件が散発するという事例は他にもある。

筆者が作製した「人喰い熊マップ」を俯瞰してみると、ピンポイントで人喰い熊事件が続発する特異な地域があることがわかってきた。たとえば根室市別当賀、厚岸町別寒辺牛、白糠町尺別周辺、大樹町、広尾町周辺、瀬棚町などである。これらの中には、明治・大正・昭和と数十年にわたって散発している地域もある。

その理由を考えてみれば、人肉を喰った経験が、数世代にわたって受け継がれている以外に考えようがないのではないか。繰り返しになるが、人喰い熊の出現確率は〇・〇五％程度に過ぎないのである。

思い起こしていただきたい。

大正十五年に、森下キヨを喰い殺した加害熊は「親仔熊」であった。この事件で人肉の味を覚えた仔熊が、その後成獣となり、同じ手口、すなわち農作業中の人間を襲うようになったとは考えられないだろうか。

その証拠ともいうべき人喰い熊事件が、森下キヨが喰われた上興部村、そして伝法ソトが喰われた雄武村の目と鼻の先である下川村で発生している。

「上川郡下川村字サンル移住民杣夫瀧頭勝（二八）は、十九日午後、下川市街地から三里半

十勝広尾で獲殺されたヒグマ。その大きさに圧倒される（『北海タイムス』大正十一年十月十日）。

の移住民地山林内で労働中、巨熊のために咬み殺され、全身わずかに足骨の一部を残していたので大騒ぎとなり（中略）付近を悠々出没していたこの巨熊を発見射殺した」

——『小樽新聞』昭和九年十一月二十二日

この事件に関しては、地元古老の回顧録が残っている。

「あれ昭和九年の十一月十九日だな、滝ヶ平さん、熊に襲われてちょうど今の清水さんの川向かいに大きな木があって、その下の窪みに引きずり込んで喰ってさ、そして笹をつけてかくして、そいで下りてくるとこ見つけて熊は退治したけど、北海道は恐ろしいところだな、熊までこうして人をしいたげる。それから熊恐ろしくなった」

——珊留部落『下川町史』昭和四十三年

日付まで克明に記憶していることには驚くばかりだが、それだけ衝撃的な事件として地元で語り継がれたことが窺える。次の記事にある通り、加害熊の胃袋から被害者の遺留品が続々と見つかったことも、その理由だろう。

「グロ・熊の胃袋に頭髪、肉片や軍手　仇を打ったがこの無惨　熊に喰い殺された下川サンル東二線滝ヶ平勝（二八）君は、昭和六年度補助移民として岐阜県から入地、本年一月生まれた長男と親子三人暮らしで、十九日午後三時頃、同地西一線人家をさる二百間くらいの杉野久松氏所有の山林内で伐木中、突然熊は同人の顔面に飛びかかり、助けてくれと三声叫んで打ち倒れた。約十間ほどへだてて角材搬出していた清水正一君が見て驚く瞬間、熊は清水の使用馬に飛びつき、約五十間も追いかけたが巧みに逃れる馬を尻目にかけ、再び元の個所に引き返し、倒れている滝ヶ平をくわえ、百間くらいの奥山に引きずり込み、頭部手足を喰った後、穴を掘って埋めたもので、逃げてきた清水の急報により、部落民が直ちに捜索に出動。ちょうど滝ヶ平の死体を埋めた個所に寝ている熊を発見するや、熊は猛然立ち上がり捜索隊を襲わんとしたが、清水、岩松君が素早く発射した一弾が見事、熊の心臓を貫き、さすがの猛獣もその場に倒れた。一同この熊を解剖してみると、一胃袋の中に今喰ったばかりの被害者の頭髪のついた肉片や、軍手をはいたままの指など現れて、正視するに忍びなかった。ちなみに熊は八歳以上のもので、体重九十貫の稀に見る巨熊であった」

――『北海タイムス』昭和九年十一月二十四日

実は同事件の前年に、猟師が手負い熊に逆襲される事件が、現場近くで起きている。下川村の石森太が、数日前から実弾六、七発を受けた八、九歳くらいの手負いの大熊を追跡していたところ、二ノ橋村有林つづきの山林中で射撃し、転倒したのを見極めて近寄ったところ逆襲され、石森の頭部、顔面部に囓りつき重体となったが、友人が熊に発砲したので熊は逃走したという（『小樽新聞』昭和八年五月一日）。

おそらく滝ヶ平を喰ったものと同一個体と思われるが、筆者が注目したいのは、加害熊の年齢が八、九歳だったことである。

逆算してみれば、加害熊が生まれたのは大正十三年か十四年ということになる。

そしてそれは、上興部で森下キヨを喰い殺した親熊の連れていた仔熊の年齢と見事に一致するのである。

第七章
十勝岳大噴火
～天変地異とヒグマの生態系との関連

序章で触れた『北海道ヒグマ管理計画』によれば、北海道における三種類のヒグマのうち、もっとも温順と思われる「cの個体群」が根釧地方に追いやられ、もっとも凶暴と思われる「bの個体群」が広く道内に幅を利かせている。その理由として筆者が考えるのが、大正十五年に発生した十勝岳噴火である。天変地異を野生動物が敏感に察知して、いち早く避難する事例は枚挙に暇がないが、ヒグマにも同じことが言えるのではないか。

本章では、十勝岳噴火がヒグマの行動原理に与えた影響を考察しつつ、あまり知られていない北千島におけるヒグマ事件についても言及する。

北千島はヒグマの巣窟だった

前に紹介した『慟哭の谷』の「はじめに」で、木村はヒグマへの関心を持った理由について次のように語っている。

「水産学校の五年生だった昭和十三年の八月、海洋実習で赴いていた北千島のパラムシル島村上湾の居相川に、サケ、マスのそ上を見に行き、そのとき先行していた一人が巨熊に惨殺され、後続の私は間一髪で難を逃れる、という苦い体験をもっている。以来〝クマ〟に対する関心は深まるばかりであった」

木村が目撃した「惨劇」については、『エゾヒグマ百科』の冒頭に詳述されているので、ぜひご参照いただきたいが、その一部を引用するなら、

「遺体はほぼ全身が素裸で、ずたずたに引き裂かれ、わずかに漁夫特有の長靴が左足に残るのみ。頭髪はすっかり剝ぎ取られ、頭蓋骨は割られて変形し、右眼はえぐられて無く、左眼は抜け落ちて頰骨にからみつき、耳、鼻、唇、頰肉が無く、胸骨が露出している」

という凄まじいものであった。鮮明な記憶が、彼が受けた衝撃がいかに大きなものであったかを窺わせる。

かつて日本領であった千島列島（北方四島は今も日本領である）は、根室沖の国後島からカムチャツカ半島沖の占守島《しむしゅ》に至る千キロにおよぶ列島だが、継続的に人が暮らしていたのは南千島の国後、択捉、色丹と、北千島の占守、幌筵《ほろむしろ》の五島だけであった。

またヒグマが棲息するのは国後、択捉、そして幌筵島だけである（占守島には夏期のみ幌筵島からの渡り熊がいた）。

中部千島の長い列島を境界として、南千島のヒグマは道東のヒグマと近しく、幌筵のヒグマはカムチャツカのヒグマに近縁である。

道東のヒグマは比較的温順と思われるが、カムチャツカのヒグマはどうだろうか。

平成二十三年八月に、カムチャツカ半島東南部のペトロパブロフスク近郊で、父親と十九歳の娘がヒグマに喰い殺される事件が起きた。娘が喰われながらも母親に電話し、「ママ、熊が私を食べている」と話したという壮絶なエピソードを覚えておられる読者も多いだろう。

南千島においては、江戸期から和人が住んでいるが、人間が襲われて死亡した事件は、筆者の調べた範囲では、わずか二件に過ぎない。しかし北千島では、その開拓が、大正後期になってようやく本格化したにもかかわらず、木村の目撃した事件を含めて二名が喰い殺されている。

　このことから、北千島に棲息するヒグマは比較的獰猛であると考えてよいだろう。それは後段で紹介する、幌筵島の無線電信局がヒグマの大群に包囲されるという前代未聞の事件でも証明されよう。

　ここで北千島におけるヒグマに関する記事を、いくつか拾い上げてみよう。

　幌筵島（パラムシル島）は、北千島最大の島で、ヒグマの棲息地として知られていた。
　南極探検で知られる白瀬矗《のぶ》は、明治二十六年以降、二冬を占守島で越年したが、その記録の中に幌筵島での熊猟についての記述がある。
　白瀬らを乗せた八雲丸が幌筵島沖を帆走中、沿岸から大声で叫ぶ声が聞こえたので、望遠鏡をのぞくと、十五、六頭のヒグマが時々咆吼しながら遊んでいた。そこで慰みに熊猟をやろうということになり、さっそく短艇二隻を下ろして、総勢十二、三名で海岸を目指した。しかしヒグマは逃げ散ってしまい、上陸した時には姿が見えなかった。そこで鮭の遡上する川岸を遡行していくと、丘の上に五、六頭のヒグマが遊んでいた。そして白瀬等を見て大いに咆吼した。こちらの猟夫は三名なので、三頭を倒しても残りに襲われるとの心配があったが、ぐずぐずしていると危ないので、二頭に向けて発射した。

「三頭には確か命中しましたが、発射と同時に五、六頭の熊が総立ちとなり、銃丸を受けたのも受けぬのも皆、私共を目掛け疾駆して向て来ました。このときは私共もあまりよい気味ではありませなんだ、とかくするうち、私共と熊との距離ほとんど五、六間に迫りたとき、三名の猟夫、第二弾を発しましたが、幸ひ頭部に命中しましたから、三頭だけはそのまま斃れました。それを見ると他の二、三頭の熊もいささか勇気がくじけたものと見へ、そのところに止っていて私共を見つめて遠吠をしておりました。それをまた第三弾、第四弾と連発しまして、ようやく七頭の一群、悉皆《しっかい》斃しました」

——『千島探検録』白瀬矗、東京図書出版、明治三十年。用字を適宜変更

そして白瀬は、「かようの有様ですから、どのくらい棲んでいるか分らんほどです」と述懐している。

その白瀬も参加した「報效義会」は、北千島がロシアをはじめとした諸外国に蹂躙されているのを憂えた郡司成忠大尉が組織し、最北端の占守島に集団移住した団体で、日露戦争を機に事実上、解散となったが、その後も島に留まり続けたのが別所佐吉であった。その子息である別所二郎蔵は、著書『わが北千島記』（講談社、昭和五十二年）、『別所二郎蔵随想録　回想の北千島』（別所夫二編、北海道出版企画センター、平成十一年）で、占守島での暮らしを詳細に記録している。

「熊が多かったのはパラムシロ島《ママ》であって、各地区で毎年一〜二頭は仕止めたようである。巨体であるから枝に分けて土間の梁などに吊しておくと、春と秋の季節なら相当期間鮮度が保てた。夏熊の肉は塩蔵にした。味が濃厚すぎ、特に夏肉は毛臭く、むしろ悪肉の部に入るものだが、食べ馴れれば自然執着を持つようになった。しかし、山菜との煮付けや海豹油で炒めたくらいで、調理に特別の工夫はなかった。

熊の掌は、料理の世界では有名なものであることは知っていたのであるが、脂肪が多すぎるとして歓迎されなかった」

『郡司草――北千島の実情を語る』（能戸英三、原書房、昭和五十四年）は、戦時中の北千島の様子を記録した貴重な資料である。この中にヒグマに関する記述がある。

幌筵島にあった北千島水産株式会社の塁山工場（写真：講談社写真資料センター）

「われわれが上陸する前夜であった。宿舎の後方でものすごい咆哮が聞えた。丁度もはや内地へ切り揚げようと会食の最中であった。すわと飛び出した。熊だ。待望の熊がしかも三頭揃って大きな陥穴におちこんでいるではないか。狂ったように咆えるそのすさまじさに兵隊達はわれ先にと銃を持ち出し撃ち込んだが、とうとう一頭だけを獲ったただけで他の二頭は狂わんばかりに逃げたということである。「いや惜しいことをしました。」とその准尉はいかにも惜しそうであった。私達は熊の肉鍋をつついて食べた。実に美味しい。もう二頭獲ろうではないかと早速おとし穴に偽装して土を軽く被せておいた。その夕刻、その穴に熊の替りに多久部隊長がおち込んで仕舞った。これを引上げるのに一苦労したという真にこれも千島らしい話である」

外国人による記録も残っており、スウェーデンの探検家・生物学者ステン・ベルクマン博士が、昭和四年に千島列島を訪ねた見聞を『千島紀行』（加納一郎訳、朝日文庫、平成四年）にまとめているが、幌筵島については、「相当たくさんクマがおり、川岸などでしばしばその足跡に出会う。魚をとるために漁場のある浜の近くにやってくることもめずらしくないが、めったに人間にはかからない」と記録している。ただ唯一の例外として、二、三年前に一人が食害された事件についての伝聞を記録している。

「この人はある晩がた、一軒の家から他のうちへ懐中電灯をもって歩いていた。とつぜん、一頭の大クマがあらわれ、走りかかって来て、たちどころにくい殺してしまい、その死骸を近くの川岸のところまで引いていって、そこに穴を掘り自分の獲物をそのなかに入れ、土をひっかけゆくえをくらましてしまったという」

――『千島紀行』

この事件については、『小樽新聞』（大正十三年九月十四日）に、「幌筵島無線電信局熊群に包囲さる」というショッキングな見出しとともにくわしく掲載されている。

八月二十五日夜、漁場監視人の須田治が塁山にある無線電信局の倉部技手宅を訪ね、午後七時に番屋に帰る途中、無電局舎裏の貯炭場のそばで熊の待ち伏せに遭い、喉咽部に喰いつかれ、そのまま谷底に転落した。捜索の結果、谷底で咽部、臀部、股をすっかり食い尽くされた無残な死体が発見された。

村上湾から塁山の無電局までは、直線距離で二十五キロメートルもある。当時の人の健脚を思うわけだが、それはともかく同記事では、この事件直後から、多数のヒグマが無電局を包囲して、局員の灯火をめがけて襲いかかるようになったと報じているのである。

この記事に追随した『函館毎日新聞』九月十五日の記事では、さらに尾ひれがついて、「同島から同局〔筆者註：根室の落石無電局〕に昨今毎日、熊害について無電で報告して来るが、それによると数十頭の熊が無電局を包囲し危険と恐怖に局員は外出も出来ぬ不安さであるとの事である」と、さながら戦場のような当時の様子を伝えている。

この事件は幌筵島では語り草になったらしく、昭和九年七月十二日の『東京朝日新聞』にも「戦慄！　羆の話　塁山無電局を訪う」（山田特派員記）のタイトルで再び取り上げられている。

「塁山無電局を訪れると——必ず出て来るのは、ここの訪問者が付近で羆に喰われた話だ。五、六年前の八月某日、妙に陰鬱な夕暮だった、約二十マイルも距った村上湾の蟹工場缶詰主任須田某が局に遊びに来ての帰途、近道をとろうとして普段通らない海岸の小路を通った——（中略）不幸な話題の須田君には、おまけに頬冠りをする癖があった、前方がよく見えなかった、黒い影がと気づいた時は熊が直ぐ目前に立っていた、慌てて懐中電灯をパッ！と熊の鼻先に向けた、と次の刹那、熊の一撃は須田君を十五、六間先の崖下に死にまでノック・ダウンしていた。——その珍事この方、熊が人間の味を覚えて、その後も無電局をのぞき見し、局員が窓に畳をおしたてて戦慄した」

落石無電局の豊浦局長が語ったところによれば、幌筵島は絶海の孤島であり、漁業関係者二、三十人と無電局員以外は誰も住んでおらず、ほとんど無人島なのだという。

「だから熊の繁殖も著しく、今では全島に三百頭以上棲息しているそうだが、昨年までは一向被害が無かった、ところが今年になってからは従来非常に温和しかった熊がにわかに荒々しくなり、昨今は民家に向って襲撃するようになった」

——前掲『小樽新聞』

罘山無電局は幌筵島の太平洋岸に位置しており、当時の新聞報道によれば「八万七千円の経費をもって」（『北海タイムス』大正八年九月十四日）竣工したという。

大正十一年刊行の『本道の逓信事業』（札幌逓信局）に、「幌筵無線電信局は大正八年九月より事務を開始せるが、函館をさる九百四十九浬絶海の孤島に設置せらる、冬期間は航海杜絶するを以て取扱期間は毎年五月より九月までとす」の説明文がある。

局員は十名、そのうち四名は電信技師で、内地の各無電局から交代で派遣される。また家族二十三名も暮らしていて、廊下の片側には半年分の薪炭、食料品が堆く積まれていたという。その暮らしぶりは、「…五月の十二日に来たのが最近の新聞——という始末ですからね、強力のラジオはあるにはあるが此所の電波が邪魔をして聞こえず時事問題などまるっきり判らなくなりました、蟹同然ですよ」（前掲『東京朝日新聞』）とのことで、絶海の孤島暮らしが想像される。

噴火による集団避難の可能性

なぜ多数の熊群が罘山無電局を包囲襲撃したのか。

前出の豊浦局長の談話によれば、「本春、米国飛行機が来た際に出迎えに派遣された日本の駆逐艦の乗組員が同島に上陸して熊狩を行ったため、熊の方ではその仕返しにやってくるらしいとの事です」と、熊群襲撃の原因を語っている。

この「駆逐艦乗組員による熊狩り」は、以下の三つの記事を鑑みると、日本ではなくて米国の駆逐艦乗組員が、幌筵島ではなく占守島で行ったようである。

「米国世界一周飛行機警備のため米駆逐艦フォード号が幌筵島に遊弋」

——『北海タイムス』大正十三年五月七日

「〔筆者註：掲載写真の説明文〕米機着水地の占守柏原付近と、飛来を待つ間にフォード号乗組士官の熊狩り（同号便乗の山瀬陸軍参謀撮影）」

——『小樽新聞』大正十三年五月十日

「米機出迎えおよび警護の任務を帯び、択捉島年萌湾に停泊中の駆逐磯風の村田艦長以下五十余名他（中略）去る四日程越山方面にて熊狩りを催せし」——『北海タイムス』大正十三年五月十二日

従って、熊群の無電局襲撃と駆逐艦乗組員による熊狩りには因果関係はないと思われる。

ここで筆者はひとつ興味深い事実を指摘したい。

この年の二月に、北千島にほど近い無人島が大噴火を起こしているのである。

「北千島新知郡雷公計島（周囲六マイル）は、去る二月十五日爆発し山頂に大噴火を生じて尖形を現し、降灰のため全島の岩石を埋め、南方よりの展望が従来と変わりたるところ多く、今なお白煙濛々として近接しがたき有様なる由、（中略）その当時得撫島に越年しつつありし白瀬中尉は爆発現場から十二マイルを去る松輪島にある磐城岩付近が海中二ヶ所に大噴水の現れおりしこと、爆発地上空に火柱物凄く沖天しおりしこと等を認め、同様状態が一週日も続きたることも看取し、また当日はすこぶる快晴の天候なりしに、天地暗澹の光景に包まれ、列島の陥没を来すにあらずやとまで思われたる由」

――『北海タイムス』大正十三年六月十二日

奇しくも再登場した南極探検の白瀬中尉は、大正十一年以来、農商務省直営の養狐業監視の任務を帯びて得撫島に滞在していたという。

雷公計島（ライコケ島）は中部千島の無人島で、幌筵島からは、おおむね三百キロほどの距離である。アイヌ語で「地獄の穴」という意味だそうで、昔からたびたび噴火したことを窺わせる。この時の爆発では、天地が暗くなるほどの噴煙が一週間にわたって噴き上がったというのである。

令和四年一月に発生した南洋トンガの大噴火では、「空振」といわれる現象が話題になった。空振とは、火山噴火などにより発生した空気の急激な圧力変化が、大気中に伝わる現象で、「一定の強さを超えた空振は、耳が「つーん」という感じや瞬間的な風として体感され、時には体が強く押されるように感じることもあります」（気象庁ウェブサイト）という。

幌筵島の熊群は、この「空振」によって、天変地異を感じ取ったのではないか。そして群れをなして東へ避難しようとしたのではないだろうか。その証拠に、埧山無線電信局は島の東南端に位置するのである。

実はこれと極めて似た現象が、北海道でも起きている。それは北海道のほぼ中心に位置する十勝岳の大噴火と、それに前後して観測された、ヒグマの異常行動であった。

天変地異と人喰い熊事件との相関関係

昭和三十七年は「本道の開拓が始まって以来、といわれるほど全道的にクマが暴れ回った年」（『ひぐま　その生態と事件』斎藤禎男、北苑社、昭和四十六年）であった。

「ことに根室管内標津原野では、毎日のように家畜や農作物が荒され、ハンターが犠牲になり、あたかも年々テリトリーをせばめられてゆくヒグマの、人間界に対する反撃を思わせるものがあった」

――前掲書

標津町では、「部落の人々は作業もできず、自衛隊の車で子供たちは、やっと通学するありさまであった」（『熊・クマ・羆』林克巳、時事通信社、昭和四十六年）。

北大ヒグマ研究グループによれば、この年捕獲されたヒグマの頭数は、「信頼できる記録では最多の八六八頭」であったという（『エゾヒグマ　その生活をさぐる』汐文社、昭和五十七年）。

なぜ道東方面にヒグマ事件が集中したのか。

この年は未曽有の冷害凶作の年で、山の木の実も不作であり、この結果、「深刻な飢餓におち入った彼らは、つぎつぎと人里近くに姿を現わした。この年の出没状態は三、〇〇〇回と報告されている」（「ヒグマ雑記」清水保雄、『林』昭和四十五年五月号、北海道林務部）。

しかしこれでは道東に集中した理由にはならない。

もっとも信憑性が高いのは、この年の六月二十九日に発生した十勝岳噴火の影響である。この爆発により、大雪山系のヒグマが大挙して道東に移動したというのである。

「昭和三十八年以降に驚くほど増えたのは十勝岳の爆発に起因する。それは爆発とともにすみ場を失ったものが未開地の多い根室地方に居を移したからだという」

――『根室百話』吉井宣、昭和四十四年

また『ヒグマと共に生きる未来を考える』(平成二十年十月十一、十二日　日本クマネットワーク・知床財団共催フォーラム)にも、「十勝岳の噴火による広域的な降灰にともなう「標津原野ヒグマ戦争」」の記述があり、十勝岳噴火との因果関係は明白のようである。

しかしヒグマが道東に大量出没したのは、実はこの年が初めてではない。大正十五年五月、同じく十勝岳が大噴火を起こしたが、この時にも道東でヒグマによる被害が急増したのである。

筆者は、ヒグマに関する記事の頻出する年と、火山噴火や地震の起きた年との相関関係を調べてみた。その結果、明らかに有意と思われる関連が見えてきた。

北海道における戦前の二大紙『北海タイムス』『小樽新聞』における、ヒグマ関連記事の年平均出現回数は、両紙とも約二十回だが、たとえば明治二十一年には、会津磐梯山が山体が崩壊するほどの大噴火を起こしたが、この年の『北海道毎日新聞』(後の『北海タイムス』)のヒグマ関連記事の出現数は三十二回を数えている。

また明治二十九年は明治三陸大津波の年だが、この時の同紙における出現回数は四十六回である。

冒頭で紹介した「上川大量出没事件」が起きた明治四十一年は、シベリアに大隕石が落下した、いわゆる「ツングースカ大爆発」の年であった。この年の出現回数は三十四回（『小樽新聞』）である。

大正七年には中部千島の得撫島沖で地震が発生したが、前年の大正六年に四十六回を記録した（『北海タイムス』）。

しかしヒグマ関連記事の出現回数が最多を記録したのは、大正十五年における『小樽新聞』の七十八回であり、この年五月に発生したのが、前述の十勝岳噴火なのである。

この時の噴火は、規模としては昭和三十七年に劣るものの、被害はこれを遥かに上回った。二回目の爆発は五月二十四日午後四時過ぎに発生し、火砕流が大量の積雪を溶かして、大規模な泥流を発生させた。「泥流は美瑛川と富良野川を流下して25分あまりで山麓の富良野原野の開拓地に到達した」（『広報ぼうさい』（No.42）２００７年11月号、内閣府）。

死者、行方不明者百四十四名、建物の損害三百七十二棟、家畜六十八頭が犠牲となり、広大な山林耕地が泥流に飲み込まれた。

噴火の予兆は数年前からあったようで、「大正12年ごろから再び噴気活動がはげしくなり、大正15年～昭和３年の活動期に入った」（美瑛町ウェブサイト）という。

同時期のヒグマ関連記事の出現回数を『小樽新聞』から拾ってみると、大正十一年にわずか十一回だったのが、十二年に五十五回、十三年に四十回、十四年に七十五回と、平均出現回数を大幅に上回っている。十勝岳の噴火活動の活発化と軌を一にして、人里に下る個体が増えたのである。

注目すべきは、北見地方においてふだんとは違ったヒグマの行動がいくつも見られたことである。

たとえば、置戸町に出没した記事では、「市街地付近で熊を見るのは近年稀有の事」(『北海タイムス』大正十三年九月九日)とあり、女満別市街地付近でも大熊が出没して大騒ぎとなった(『北海タイムス』大正十四年六月六日)。

なかでも「秀逸」なのが、大正十五年春に起きた「訓子府ヒグマ乱入事件」である。ヒグマの出没は農家にとっては深刻であったが、同時に娯楽の少なかった当時の一大イベントでもあった。「討ち取られたヒグマの見物に黒山の人だかりができた」といった記事はたびたび目にしたが、この事件は白昼に起きたことから、多くの野次馬が捕り物を見物し、お祭りのような騒ぎであったという。

「昭和元年四月初旬、稲積牧場に放っていた馬をたおした五、六歳位の熊が血に狂って常呂川をわたって訓子府市街へ突進、本光寺付近から大通りへ抜け向かい側のキリスト教会の表玄関に突き当たり、ガラス戸を破壊して大通りを西に向け驀進、駅通りに曲がり、北一条を西に向かって柳橋医院よりさらに南に向きをかえ、電灯会社に突き当たり、これより右転、役場付近から常呂川へ引き返し、川をわたって稲積事務所付近のやぶにひそんだ、(中略)

大正15年の十勝岳大噴火により扇のようにめくれ上がった鉄道の枕木
（写真：毎日新聞社／アフロ）

この熊はあとで津別付近でアイヌが射止めたという（伊藤三郎談）」 ――『訓子府村史（昭和二十六年）』

新聞報道によれば、「橋上および屋根の上は見物人にて黒山のごとく、水に飛び込む様のごときは活動写真の猛獣狩りを見るごとく実に壮観を極め」（『北海タイムス』大正十五年四月二十八日）と、群衆は大満足であったらしい。

話を十勝岳噴火に戻して、さらに注目すべきは、噴火の前年に、ふだん見られないような巨大な熊が各地で仕止められていることである。そのいくつかを挙げてみよう。

「幾春別鍋の沢で熊を射止む　金毛身長一丈余、百貫余の巨熊」

――『小樽新聞』大正十四年十月二十日

「上川郡美瑛村鯵沢において五日、重量百四十貫、一丈二尺、普通の馬より大きい熊一頭を射止めたが、この熊が付近村落を荒らし回ったものでないかと噂されている」

――『小樽新聞』大正十四年十一月九日

「足寄郡中足寄、愛冠尾西沢で西村仁吉が、七歳重量百五十貫の雄熊を射止める。昨年春から放牧馬十八頭を喰い三頭を負傷させた」

——『小樽新聞』大正十四年十二月六日より要約

「片耳のない巨熊を斃す　大夕張炭山北部若葉坑から約三里の山奥で杣夫小山東等四名が穴熊狩り。年齢十歳くらい身長丈余、体重百貫目の牡で片耳のない珍しい巨熊」

——『小樽新聞』大正十四年十二月二十二日より要約

「身長一丈二尺」というと、約三・六四メートルである。また百五十貫は五百六十二・五キログラムである。

通常であれば深山幽谷の最奥部に棲む「山の王」とも言うべき巨大な熊が人里に下りてくるというのは、よほどのことと言うべきだろう。

そして大正十五年の噴火の年には、春から不穏な兆候が見られたという。

「旭川近文アイヌ部落におけるこの冬期間中の熊狩りの状況を聞くに、本年は例年と異なり、あまりに積雪多いために甚だしい不猟で、せっかく頼みにしたアイヌ共も悄気《しょげ》ること非常なもので、口々に『今年雪降って穴分からない、サッパリ見付からない』とコボしている（後略）」

——『北海タイムス』大正十五年五月三日

「本年は気候の関係上、珍しくも穴熊の出が非常に遅れ、昨年の今頃は奥山の日当たりの良い沢などを通るとボツボツ雪の上に熊の足跡を印しているのを発見し、森林主事や山林調査に行く人々をして驚かしたものだが、本年はまだ何等の足跡もなく（後略）」

――『北海タイムス』大正十五年五月五日

なぜか穴熊がまったく獲れず、またヒグマの「冬ごもり明け」も平年と比べて非常に遅いというのである。これらは旭川周辺での出来事だが、昨年のうちによそへ避難してしまい、熊穴自体が空っぽだったのではないだろうか。

そして噴火以降、今度は根室管内でヒグマによる被害が続出し始める。

「根室熊害頻々―根室管内は昨今頻々たる熊害に悩まされ各牧場において熊取りを雇い入るる等これが対策を講じているがこの程またまた別海村床丹川において牛四頭を襲われ夜間など人家付近に出没するので村民は熊狩りに努めている」

――『北海タイムス』大正十五年五月二十七日

「根室国標津原野の標津、伊茶仁、茶志骨の各村を熊が荒らし廻っているが、（中略）根室地方の熊は大概人間には危害を与えぬが、家畜の害を被る事がおびただしく、今年中もはや既に一百頭も喰い殺され、数万円の損害をうけている。（中略）標津村役場においては一頭銃殺者に対し村費より二十五円、組合より十五円の奨励金を交付する事になっている」

――『北海タイムス』大正十五年九月二日

昭和三十七年とまったく同じ騒動が標津地方で起こっているのは興味深い。

しかしそれ以上に重要なのは、この十勝岳噴火を契機として、ヒグマのパワーバランスに変化が起こったと思われることである。すなわち道央、道北に棲息していた「獰猛な種族」が、比較的温和しい道東ヒグマの支配地域に群れをなして侵入したのではないかと推測されるのである。

狂暴な個体群が道東へ逃げたのか

ここからは、前出の『北海道ヒグマ管理計画』の「遺伝子区分」を援用しつつ、筆者の仮説を少し詳しく述べてみたい。

大正期までは、道東方面で凶悪事件は稀であった。つまりこの頃までは、比較的温順なcの個体群（道東）が、大雪山系、日高山脈の東半分を広く支配していた。

しかし十勝岳噴火を契機に、大挙して道東に押し寄せたbの個体群（道央）のために、温和しいcの個体群（道東）が次々と駆逐されていった。昭和・平成期において、bの個体群（道央）

が広く道東地方に分布しているのは、そのためではないか。
ケンカ慣れした者が、平和ボケした者を、いともたやすく駆逐するのは、ポール・ケネディの大著『大国の興亡』(草思社、昭和六十三年)が示す通りである。十七世紀に入り、中国には清帝国が、中東にはオスマントルコが、インドにはムガール帝国が、ロシアにはロマノフ王朝が、そして日本には徳川幕府が、それぞれ長期政権を樹立し、世界が平和に向かっていた時代に、唯一戦争を繰り返していたのが欧州であった。その過程で彼らは、ナポレオンが徴兵制を、イギリスが強力な海軍を生み出したごとく、強大な軍事力と、それを支える諸制度ならびに金融システムを作り上げていった。そしてその圧倒的な兵力をもって、あっという間に世界を征服したのである。

ここで改めて「北海道開拓図」を見てみよう。人間の手の及んでいない「空白地帯」、すなわちヒグマに残された最後のテリトリーのうち、大雪山系の広大な面積が、十勝岳噴火により失われてしまった。この地域に辛うじて生きながらえていたヒグマたちは、前述のように移動を余儀なくされ、ある者は北見山地を目指し、また別の個体は根釧地方の空白地、あるいは南の日高方面へ逃れただろう。次の記事は、昭和六年の熊害件数をまとめたものだが、この推測をある程度証明するものである。

「〔道庁保安課の調査によれば〕多く出没した地方は東北海道で、浦河、本別、厚岸、紗那、釧路、広尾、標津、国後島等々で、北見方面は割合に少なかった。またもっとも多く捕獲したところは、広尾の九十一頭を筆頭に、紗那六十五、浦河五十三、標津三十二、斜里三十、釧路三十一、本別二十八、紋別二十七、新得二十五、帯広二十四、富良野二十六」

——『北海タイムス』昭和七年四月一日

ヒグマ出没地域は、もはや道南、道央ではなく、道東に移ったことを物語っている。十勝岳噴火以降、これまでほとんど被害のなかった道東において人喰い熊事件が多発するようになったことは、次の一連の事件が示す通りである。しかもそれは、人喰い熊が東へと漸進しているようで不気味である。

「新得の造材店員　熊に咬み殺さる　目も当てられぬ惨死体　十勝国新得村（中略）中村組造材部店員斎藤直則（三五）は十日午後三時頃、造材現場から事務所へ赴き、翌日に至っても帰らないので騒ぎ出し、二十余人の捜索隊を組織し捜索中のところ、事務所から約一里のペンケキナウシ川辺に直則の頭部手足等がバラバラになっているのを発見された、途中で熊に出会い喰い殺されたもので、胴や足等はほとんど喰い尽くされてある悲惨な姿になっていた（後略）」

——『小樽新聞』昭和三年十月十七日

「石北国境に人食い熊の出没　頭の一部と両足首を残すだけ　ヤマべ釣りの男が　広島県人料理職、林友三郎（四〇）は旭川釧路野付牛方面を旅行し、二十九日早朝、北見温泉を出発、山越えて層雲峡を経て上川村に来る途中、石北国境を去る約三里のところで仔熊二匹連れの大熊に出会い、命がけでそこをのがれ、間もなく川端において人間が熊に食い殺された死骸を発見したが、頭の一部と両足首を残した外は何物も残留せず、ただヤマべ五六尾入の魚籠が落ちていたとのことであるが、多分ヤマべ釣に行った人らしいと」

——『小樽新聞』昭和六年十一月五日

「熊に喰わる　留辺蘂町字武華二十二号線農野尻福治（二五）は四日、狩猟に出かけたまま六日になっても帰宅しないので、六日部落民総出で捜査の結果、自宅を去る一里の山林内に、頭部顔部等滅茶滅茶に熊に喰われた福治の惨死体を発見した」

——『北海タイムス』昭和九年十二月九日

「満州出征の勇士熊にやられる　北見置戸村字上置戸工藤常蔵（二四）の行方については全部落民が捜索中のところ、十一日早朝本籍地たる上置戸市街地を離れる七里余の山中に熊と格闘の形跡を残し死体となって発見（中略）同君は今春満州より凱旋したる歩兵上等兵にして、さきに発表せられたる論功行賞において勲八等白色桐葉章の恩命を拝し感激しつつ実兄のもとに農業に従事しおりたるものであった（後略）」

——『北海タイムス』昭和九年十二月十四日

これらの地域は、明治・大正を通して、人喰い熊事件にはまったく縁のない地域であった。しかし昭和に入って忽然として殺傷事件が起き始めるのである。

一方で次のような疑問も提起されて当然だろう。

十勝岳は過去にも噴火を繰り返していたではないか。それならとうの昔に、道東に「bの個体群」（道央）が移動しているのではないか。

これには次のような反論が可能である。

過去の噴火時には、北海道の拓殖は皆無の状態であった。従ってヒグマはそれぞれ、十勝岳の真反対の方角に逃げればよかった。

しかし大正十五年の噴火時には、自分たちよりもはるかに狂暴で狡猾な人間という種族が、「bの個体群」（道央）の眼前に立ちはだかった。彼らを避けつつ逃げるには、道東に向かうしかなかったのである。

道東各地に侵入した、体格的に優位な個体は、深山幽谷をテリトリーとする「山の王」に闘いを挑んだだろう。「ヒグマ社会の模式図的な分布では、奥山に用心深い大型の雄グマが陣取る」（「野生動物「都市侵入」という災害」、『選択』令和四年三月号）とある通り、そこでは我々の想像を絶する凄まじい闘争が繰り広げられたに違いない。そのような激闘を制し、新たな「山の王」として君臨した彼らの元に、またぞろ足を踏み入れ始めたのが、造材業を生業とする人間どもであった。後段で詳述するように、彼らはもはや人間に対して容赦はしなかった。

一方で、昭和に入って、ある種の「揺り戻し」が起きた地域も見逃せない。それは昭和六年の満州事変以降、十五年におよぶ戦争によって新たな空白地帯となった炭鉱地帯である。

第八章

炭鉱開発と戦中戦後の人喰い熊事件

～封じ込められたヒグマの復讐

岩見沢における人喰い熊事件が、明治三十三年以降、まったく影を潜めたことはすでに述べた。石狩平野に棲息していたヒグマは、増毛山地、胆振地方山岳部、夕張山地の三方向に四散したと思われ、実際、大正期に入ると、留萌地方やニセコ、倶知安方面で殺傷事件が散発するようになる。しかし夕張方面では、まったくといっていいほど人喰い熊騒動が起きていない。その理由として考えられるのが、夕張山地西部に広がる石炭地帯である。大規模な機械化産業である炭鉱が、ヒグマをさらに奥地に遠ざけたと考えられるのである。しかし平穏であった炭鉱も、戦争の激化により、著しい減産を余儀なくされる。その間隙を狙って、再びヒグマがテリトリーを広げ始めた。本章では、戦中戦後に多発した炭鉱地帯における人喰い熊事件と戦争との関連を考察する。

活況を呈していた炭鉱街

前述したように、北海道における炭鉱開発は明治十二年の幌内炭鉱を嚆矢として発展した。幌内炭鉱は明治二十二年に民間に払い下げられ、北海道炭礦鉄道会社（現在の北海道炭礦汽船株式会社）となり、同年に夕張炭鉱、明治二十三年に空知炭鉱、明治二十四年に神威炭鉱、明治二十九年に砂川炭鉱を、次々と開鉱していった。

これらの炭山は、夕張山地西部に広がる、南北八十キロメートル、東西二十五キロメートルの「石狩炭田」に点在している。

埋蔵量は六十億トンともいわれ、北炭以外にも、明治十九年に幾春別炭鉱、明治三十三年に奔別（旧奈良）炭鉱、明治四十年に大夕張炭鉱が開鉱した。

しかし北海道の炭鉱が、急激にその発展を見たのは、第一次大戦を契機としてであった。欧州が戦雲に飲み込まれ、日本はその埒外で市場を拡大し、工業が大発展を遂げた。その動力源として石炭が重要な役割を果たしたのである。

「本道の鉱業の本格的な発展は第一次世界大戦が開始され、わが国の経済界が不況から脱した大正四年以降に始まるのである。この主体をなすのは、全国的な工業の発展に伴って需要増加した石炭である。すなわち、大正元年には出炭高一八八万トンであったのが、（中略）八年には四七六万トンと二・五倍になった一方、価額は炭価の高騰によってこの間に約九・七倍に上昇した」

――『新北海道史』

こうして大正二年に美唄、新美唄、上歌志内、大正三年に三井砂川、明治三十八年に弥生、明治四十年に新歌志内、大正七年に茂尻、尺別等の各炭鉱が開鉱した。

これらの炭鉱の多くは、当初は地元資本による地場炭鉱であったが、財閥資本によって次々と吸収・合併されていった。北炭でさえも、大正二年に三井の支配下に入った。この結果、大正十年には、北海道の出炭高の約八十六％が、財閥資本に占められるようになった。

これに付言すれば、北海道には三井財閥の権益が強く及んでいて、後述する王子製紙も三井系であったし、斜里町には三井農林株式会社の広大な農場があった。現在の北海道知事公館が、かつての三井財閥の迎賓館であったことはよく知られている。

このように躍進を続けた道内炭鉱も、昭和初期の金融恐慌により、出炭量は低迷した。しかし戦争とともに再び活気を取り戻し、「ことに満州事変以後業界は活況をみせ始め、未曽有の発展期に入り、赤平・芦別・天塩・庶路等の炭山の開発を見るにいたった。これらの炭山は、未開の山中にたちまち都市を出現させ、平地の開拓農村出現と同じ役目を果たして新しい開拓時代の到来を思わせた」（前掲書）。

以上、北海道の炭鉱の変遷を概観してきたが、明治・大正を通して、石狩炭田一帯では、ヒグマによる殺傷事件はほとんど報告されていない。

筆者の手元にある記録では、明治期に美唄村の屯田兵村で二名が殺害されたのと、大正元年に同じく美唄村（沼貝村）で農夫一名が殺されているが、いずれも炭鉱が開かれる前の話である。

ひとつだけ、明治初期に幌内炭鉱付近で人喰い熊事件が発生している。以下は『開拓使公文録』の「明治十七年「札幌県治類典」警察本署」に収載された事件の記録であるが、急報を受けた巡査の対応がかなり面白いので、現代語に訳出してみよう。


明治十七年十二月八日、福井卯之助は村山善助とともに熊猟のため、孫別山の山奥に至ろうとしたところ、二、三間先に突然、大熊一頭が現れ出でるやいなや、善助の頭を手をもって打ち、このため善助はその場に倒れるや、直ちに卯之助を目がけて馳せ来たので、（中略）卯之助は逃げ出したが、熊は卯之助の足をつかんで重傷を負わせ、そのためその場に倒れた。しばらくすると熊は後に戻って善助をつかんで山奥に引きずり去ったので、卯之助は起き上がり、市街地へ逃げ戻った。

報せを受けた空知分署の巡査は、対応に窮する。

「その死屍の模様を見に行かんと欲するも、その熊害、その死骸の脇に居らんことを恐れ、鉄砲心得の者を雇い入れんとするもなかなか容易でない（後略）」（『札幌県治類典』札幌県警察本署、明治十七年）と、なんだかんだ理由をつけて動こうとしない。人喰い熊のうろつく事件現場になど、誰だって行きたくないのは当たり前である。

グズグズしているうちに夜になり、上司が帰署したので、事の顚末を話し、同行してもらうことになった。

「翌九日、中村分署長心得ならびに本職、および雇人共、おのおの銃器を携帯し、右害せられたる場所に臨む途中、旧市来知村休泊所へ右善助が旧友なりとて、六、七名の者銃砲を携え、ともにその場へ来たらんことを申し出で候につき同行致し」

思いがけない援軍に内心、小躍りする巡査であった。しかし、いざ現場に到着してみると、その凄惨な殺害状況に思わず足がすくんでしまった。

「雪の上は血に染めし、頭の毛と覚しき物一《ひと》固まり之あり。その脇を見れば山奥の方へ向け立木および雪は血に染まり死骸を引き行きたること判然」としており、人喰い熊がそのへんをうろついているのは明らかであった。さっさと死骸を回収して引き上げたいが、「雪はほとんど三尺余も積もり、かつ樅は小にして一、二間先を見ることできず実に困難」で、なかなか作業が進まない。

ここで同行の猟師が、林中に加害熊が潜んでいるのを発見する。しかし猟師の銃は不発。山を震撼させるような咆哮を上げて襲いかかるヒグマに、なんと幸運にも、巡査の打ち放った一弾が見事に命中した。一番及び腰だった巡査が一躍英雄となったのであった。
しかし雪中に埋められた善助の死骸を引き出してみると、「ただ手足頭少々あるのみにして実にその惨情見るに忍びざる」状態で、ほとんど原形を止めぬほど食い散らかされていたという。

この他、大正期に夕張村で畑を荒らす熊を撃ちに出かけた兄弟が逆襲され、両人とも重傷を負うという事件があったが（『小樽新聞』大正七年九月十七日）、おおむね昭和に至るまで石狩炭田一帯は人喰い熊事件とは無縁であった。その理由は炭鉱という巨大産業と、そこに働く多数の人間の営みが、ヒグマを奥山深くに追いやったことによると思われる。

「大正四年、三井炭鉱開山頃までのクマと人との間柄は、別に対敵観念はなく、気のおける前住者と新米者というぐらいの関係であったが、三井が開鉱事業に着手しはじめると、前住者であるクマが住居にしていた森林は奥地の方まで伐り拓かれ、人間側の施設が進出して、爆薬の音や器械運転の音が日毎にとどろくので、彼らの住居は次第に後退した。
また、沢山の人が集りはじめ、その中にはクマ狩りなどをする者も現われたので、今度はいよいよクマの方で人間が恐ろしくなり出し、ちょっと遭遇しただけで、とたんに人に一撃を加えるほど、亢奮しやすい隣人となってしまった（大西ヨシ子）」

——『歴史伝道』上砂川郷土探訪記録誌、平成二十八年

当時の炭鉱町の様子は新聞記事からも窺える。

たとえば明治三十年代の幌内炭鉱は、戸数が五百九十六戸、人口二千五百二十一人、他に番外地があり、戸数百三十七戸、人口五百四十余人で、「料理店八戸、旅店七戸、飲食店十戸にして、いずれも客足絶えぬ有様」(『北海道毎日新聞』明治三十二年九月九日)であったという。

また明治四十年頃の真谷地炭鉱は、「社宅五棟二十戸、雇夫長屋五棟三十戸、坑夫長屋五棟百戸、他に事務所、合宿所、病院、駐在所各々一棟にして、この人口二千余人」(『小樽新聞』明治四十年十一月十三日)とあり、一個の市街地が形成されていたことがわかる。

幌内炭鉱は、ひと山越えれば岩見沢市街地に出られるが、真谷地炭鉱は夕張山地の最深部に位置している。まさに忽然と、山奥に人口二千人の炭鉱町が出現したのである。

「北海道における鉱山の大部分は炭鉱であり、また鉱山町と称するに足る集落を形成したのはほとんど炭鉱に限られていた。炭鉱その他の鉱山が山中などにあって既成集落の利用が困難な場合、その所在地に小集落を設定せざるをえなかったが、それは事業の発展にともない自然に拡張をとげた。本道炭鉱の中心である石狩炭山地帯では、おおむねこのような経過をたどって多くの炭鉱集落が形成された」

——『新北海道史』

炭鉱には必ず歓楽街が付帯して発展したので、旅館、料理屋、一杯飲み屋から妓楼、遊郭に至るまで、多くの店が軒を並べた。また「渡り坑夫」と呼ばれる独身男性が多かったため、喧嘩闘争は日常茶飯で、「炭山の名物、無頼漢の横行は日増しに烈しく、この頃にて四、五十名の悪漢ども賭博の果ては喧嘩脅迫種々様々の悪事を働き（後略）」（夕張炭山の景況『北海道毎日新聞』明治二十九年十一月七日）などの記事も散見される。

戦火の拡大でヒグマと対決する男手が減る

このようにして炭鉱景気は若干の消長を繰り返しながらも、太平洋戦争まで続いたが、その一方で戦争の泥沼化とともに、国民生活は次第に窮乏を強いられていった。

この頃の新聞を読んでいて意外だったのは、配給制度が太平洋戦争のはるか以前、昭和十三年頃から始まっていたことである。『小樽新聞』（昭和十三年五月七日）に、「これぽっちでは魚が獲られぬ　ガソリン切符制」の見出しがある。燃料不足で出漁できないと嘆く漁師の話である。

戦地に出征する若者も年を追って増えていき、あらゆる業種で人手不足を招いた。「昭和一六年になると日本の兵力は二四〇万を数え、労働力はますます不足しはじめたので、国民各自の能力を知るための登録制はさらに拡大され、男は一六歳以上六〇歳、未婚婦人は二五歳まで、およそ働きうる国民すべてにおよび」（『新北海道史』）と、まさに国民総動員という状況となった。

終戦時における日本の兵力は、陸海軍合計で七百十万人といわれる（『近代日本戦争史事典』古賀牧人編、光陽出版社、平成十八年）。当時の日本の総人口（七千二百万人）と北海道の人口（三百五十万人）から計算すると、大ざっぱに三十四万五千人の道民が軍に徴用されたことになる。

たとえば石狩郡当別町では、「第2次世界大戦に当たって本町民の出征者、戦傷病死者数についてつまびらかな記録はないが本籍者について調べると」、その数は二千百五十九名という（『当別町史』昭和四十七年）。昭和十五年の同町の人口が一万三千三百人なので、村民の六人に一人が徴兵されたことになる。しかも彼らは一家の担い手とも言うべき男たちであった。

このことは、ヒグマにとって大いなる福音となったことは言うまでもない。当時の様子を物語る回想録を挙げてみよう。

「昭和16、7年、戦争が烈しくなると若者の多くは出征し、民間の鉄砲もほとんど強制的に買い上げられました。遠い畑へ行く時は馬の鈴や、石油かんをならしながらでなければ恐ろしくてという時代。それだけに農作物の被害も多く、鉄砲も爆音機もない当時は熊の荒らすにまかせるばかり」

――『郷土史』余市町豊丘町区会、昭和四十四年

「標津国有林野内の養老牛方面の山には、戦前はヒグマをだいたいとりつくした状態であった。しかし、戦争中、屈強な狩猟家のほとんどは戦地にいき、残ったのは老人級の狩猟家だ

けとなった。また戦時下では狩猟など楽しんではいられなかったので、十年たらずの間にヒグマは意外にふえた。昭和二十五年のごときは、標津岳から武佐岳にわたる山林内でなんと三十六頭ものヒグマの大猟となったものであった」

――『ヒグマとの戦い』西村武重、山と溪谷社、昭和四十六年

最大の脅威である鉄砲もなく、手向かう男たちもいない。ヒグマにとっては明治開闢以来の安息期となったに違いない。その結果、西村が言うようにヒグマの個体数は大幅に増えたと推測される。

北海道に棲息するヒグマの個体数は二千〜三千頭程度で推移しているとされてきた。これは故犬飼哲夫北大教授による、おおざっぱな計算によるもので、「ヒグマの生息数がだいたい三千頭、毎年子グマが七百五十頭程度生まれ、五百頭が獲殺、二百五十頭が自然死」というのがその根拠である（北海道野生動物研究所所長、門崎允昭教授による）。

この数字を援用すれば、獲殺されるはずの五百頭が毎年そのまま生きながらえるので、昭和十六年から二十五年頃までに、およそ五千頭増えたはずである。したがって、ヒグマの棲息数は八千頭内外に膨れあがっていたと思われる。

そしてそれら熊群の一部は、「明日の十トンより今日の一トン」の標語が象徴するごとく無計画な採炭を続け、開店休業状態に追い込まれた炭鉱に勢力を広げ始めたのである。その不穏な前

兆は、昭和に入って以降、散発するようになった傷害事件に見られるようになる。

「赤平村字中赤平十一線の高島太二郎宅の庭に大熊を発見したので、直ちに部落民らが追跡したところ、奈井沢方面に逃げたので包囲したが、もっとも近くにいた樋郡庄七（五六）に飛び掛かり、同氏は出刃包丁をもって格闘し、傍らに居合わせた長男清一郎（三二）が熊の後ろから梶棒で打ちかかると、熊はさらに清一郎に咬み付いたので、父庄七は再び飛びかかり出刃包丁で左腹を突き刺し腸を露出させるも、ますます荒れ狂い同氏等を咬み殺さんとせるも大勢の者が打ち殴ったので、さすがの熊も堪えかねその場に倒れ遂に仕止められた」

——『北海タイムス』昭和三年六月二十五日より要約

「美唄町字茶志内の農業上村徳市（二七）は、十四日午後一時頃、数日前から二頭の仔熊をつれた親熊が裏山に出没しているので、付近の人々と共に熊狩りを行ったところ、（中略）熊は猛然と徳市に飛びついた、徳市の父が馳せつけて抱えていた鉄砲で熊の腹部頭部を打ち熊を倒したが、徳市は肘をかみつかれ、その他無数の爪傷を負い一時人事不省に陥った」

——『小樽新聞』昭和四年十月十七日より要約

「三笠山村大字幾春別御料地の農業松本正起（三〇）は、十二日午後二時頃、畑で野良仕事

中、突然巨熊に襲われ、頭部その他に治療約三週間を要する爪傷を受け、辛うじて逃げ帰ったが生命に別条なし」

——『小樽新聞』昭和六年十一月十六日

昭和に入って、にわかに傷害事件が続発するようになった炭鉱地帯では、主要な働き手である男たちが次々と戦争に徴用され、それと同時にヒグマの行動は顕著な凶暴性を帯びてくる。

「三笠山村字市来知四区農近藤ミツ（五〇）は、二十六日午後六時頃、子供が畑に草刈りに出かけているので、その後始末をしようと近くの畑に差しかかった際、突然背後から三歳くらいの熊がミツの後頭部に一撃を加え、ミツをつかんで引きずって行ったが、そこに溝があったためにミツが倒れるや、熊は悠々立ち去った。付近に居合わせた人々がかけつけて病院に収容したが、後頭部と肩右手首に引っ掻き傷があり、相当に重傷であるが生命に別条ない」

——『小樽新聞』昭和十一年八月三十日より要約

「御料林野局斎藤技手ほか人夫五名は、夕張町紅葉山市街から約三キロほど離れた久留喜山中にて山道開削中、一頭の熊に襲われ、人夫佐々木正雄（一九）は逃げ遅れたが他の五名は命からがら逃げ帰り、紅葉山駐在所に急報（中略）熊を発見射殺した。この熊は二歳の雄熊で目方十七貫五百ほどであった。なお佐々木君は熊に追いつかれたが地面に打ち伏し死人を装ったため奇蹟的に難を逃れ微傷をも負わなかった」

――『北海タイムス』昭和十二年十一月一日より要約

「二十八日午前十一時頃、夕張町真谷地病院の沢において王子製紙社員三名が森林調査中、二頭の大熊に襲われ、一名は辛うじて真谷地に逃げ帰ったが、二名は生死不明となったとの報に、現地警察と消防五名、猟師三名が現場に向かった」

――『小樽新聞』昭和十二年九月二十九日より要約

この事件に関しては続報がないので、行方不明となった二名は、おそらく無事に下山したものと思われる。

終戦と炭鉱の復興でヒグマが離れた

昭和十二年七月に盧溝橋事件が起きるが、日中戦争の拡大と歩調を合わせるかのように、凄惨な人喰い熊事件が増え始める。

「芦別村字頼城渡舟守、藤原久五郎(四七)は、五月七日午前中同村炭山川にて釣魚中、背

後より巨熊現れ大格闘を演じ、ついに熊は逃走したが、同人は格闘中熊のため両手首に負傷し、付近の家にたどり着き応急手当の後、右手首と左手の指二本を残し切断した」

――『小樽新聞』昭和十三年五月九日より要約

「二十九日午前十時頃、空知郡歌志内村の内田八三郎爺さんは、文殊採炭場上の山に登り青物採取中、突然笹藪から一頭の熊が現れたので、驚いてその場にひれ伏し死んだふりをしたところ、熊は猛然と飛びかかり、八三郎爺さんの頭部に一撃を加え、なお躍りかからんとせしに、爺さんはとっさに所持の山刀を抜き熊の咽喉部を突きさし、ここに血みどろの戦いをまじえ、熊に数ヶ所の傷を負わしたところ、熊は痛手に堪えかねて山中深く逃げ去った」

――『北海タイムス』昭和十四年五月三十一日より要約

「栗沢村字美流渡の炭坑夫、芳賀久蔵さん（四九）、吉井勝太郎さん（四〇）の両名は、二十日午前八時頃自宅を出て茸採取に赴いたところ、十時頃美流渡真布の山中において巨熊に遭遇、吉井さんはいち早く逃げのびたが、逃げおくれた芳賀さんは無惨にも頭部、胸部、左足等滅茶滅茶に食いとられ即死した。急報により美流渡および万字両市街より百六十名出動、山狩りを行い（中略）惜しくも撃ちもらした」

――『北海タイムス』昭和十四年九月二十二日

「俺が三十二歳の時だから昭和十七年九月三十日だが、友人のTという人が茶志内の南方にある森林の中で、クマにやられて死んだ。（中略）ヒグマはTさんの横顔をひと掻きにして肉がダラリと下がっていたし、腹も破られて食われていた。手足も少し食害されていた。
この話が俺の耳に入ったので、翌朝銃を持って山中を探したところ、幸いにも撃ち捕ることができた。かなり大きいもので雄であった。解剖してみると、腸の中からTさんの腕の肉と骨が出てきた。いい忘れたがTさんの屍体を俺は山で発見した。屍体には土がかぶされていた。あとで食いにくるつもりでヒグマが埋めたものらしかった。（梶本太郎）」

——『北のヒグマ狩り』八条志馬編著、未來社、昭和六十一年

「昭和十八年八月二又沢に一頭の熊を発見し大勢の人が熊狩りをした時に雑木林の中で熊を探すうちに突然熊が襲いかかり、鉄砲を射つ間もなく巨大な熊の手に打たれた加藤梅松氏はそのまま一命を失ってしまった。その次の年又も同じ熊に二又沢で古舘藤吉郎氏が重傷を負わされ、それが原因で死なれたがこの二人、共に熊撃ちの達人であるだけに油断が生んだ悲劇といえよう」

——『白山部落郷土史』昭和三十三年

二年連続でベテラン猟師が死亡した悲劇は、『奈井江町史』でも取り上げられていて、「大正期の奈井江九号線二股沢は非常に多くの熊が出没、（中略）古舘は肋骨三本も折られ、心臓が見え

るほどの大怪我をし、加藤梅松は熊にたたかれて死亡。松川、油井はこの復しゅうに日時をかけてついに捕獲し、悲願を達成したこともあるという」(『奈井江町史』昭和五十年)。

このように敗戦色が濃厚になるに従って重大事件が増えていったが、その理由として考えられるのは、人手不足のため、単身あるいは少人数で、鉄砲も持たずに山に入るケースが増えたであろうこと、また食糧難のために山菜採りが奨励されたが、人家近くは採り尽くされ、さらに山奥深くまで足を踏み入れざるを得なくなったことなどである。

また昭和二十年は、明治四十三年以来の大凶作と言われ、深刻な食糧難となった。農村の労力不足、農薬、肥料の不足による病虫害の発生、地力の低下などが重なったためで、平年作の僅か六%しかない地域もあったといわれる。

一方で、機械設備の摩耗や故障、資材の欠乏などで、炭鉱の出炭高は大きく落ち込んだ(『新北海道史』)。このため脅威であった機械音や発破の爆音は鳴り止み、深山に逼塞していたヒグマは、徐々にテリトリーを回復していった。

このような状況は戦後、昭和三十年頃まで続いたようである。

「それは私が銃を持って間もないころのことで、確か昭和二十五年だと思っている。老人を食ったヒグマは前々から炭焼き老人の家をときどきのぞきに来ていたとかで、のぞんでいるのは老人の体ではなくて、食物のあまりか、飯などであった。

（中略）ある日、名前はわからないが、銃を持っている人が老人の炭焼き小屋をのぞいてみると、老人はヒグマにやられて死んでいたというのである。事件はすぐ警察署へ届き、部落会長とほかに銃を持った人、担架隊など十数人で駈けつけてみたが、一行が小屋の中へ入ろうとしたとき、小屋の横手から猛烈な勢いで飛び出してきた一頭の大きなヒグマが藪の中へ逃げこんだのを大半の人が見た。そしてハンターまでもが、逃げ散ってしまった。

老人の死体は小屋の中にあるはずなのに、それも見ずに終わった。老人の死体はひどく食害されていて目を覆うものがあったに相違ない。考えてみると、ヒグマは何度も開けっ放しになっている表戸から入っては、老人を食っていたものらしかった。（阿部政美「襲われた炭焼老人」）」

——『北のヒグマ狩り』

「昭和二十九年八月一日、この沢〔筆者註：パンケの沢〕で始めて、クマによる人への被害があった。山神社裏山付近の植林地内でイモ掘りに出かけた、炭鉱従業員が、クマにおそわれて死亡した。その後、九月の終りに白山で重傷を負わせたが、十月の中旬、白山の松川市松に射殺された。（中略）くだんのクマは年齢六歳（推定）身長五尺七寸（一・七メートル）体重四十貫（一五〇キロ）肩及び腹部に銃剣〔筆者註：銃創の間違いか〕があった（古傷）。このクマは北海道のクマとしては大きい方ではなかった」

——『上砂川町史』昭和三十四年

終戦後の混乱期については、さまざまな悲話が語られているが、炭鉱に関して言えば景気がよかったといわれる。それは政府主導の「傾斜生産方式」により、鉄鋼、石炭など日本の復興を担う産業に集中的に資本投下されたからであった。このため物資、食糧の配給が優先的に行われ、昭和二十二年六月には、早くも「石炭増産運動宣言」が出されて、労使が協調して石炭増産を推し進めた。

こうして炭鉱は活況を取り戻し、ヒグマによる殺傷事件も再び影を潜めるのである。

第九章

樺太

～パルプ事業の拡大と戦慄の「伊皿山事件」

樺太（サハリン）は、北海道のさらに北に位置する島である。江戸時代から日本人の運上屋（交易所）があり、ロシア人、アイヌ人、ウィルタ人、山丹人などが暮らす雑居地であった。明治八年の「樺太千島交換条約」によりロシア領となったが、日露戦争後の明治三十八年に、北緯五十度線以南の「南樺太」が日本に割譲された。豊かな針葉樹に恵まれ、製材、パルプ産業が盛んに行われたが、その一方で山林は急速に蝕まれ、生活圏を奪われたヒグマは生存の危機にさらされる。その結果、昭和に入ると凄惨な人喰い熊事件が続発するようになるのである。本章では紙パルプ業がヒグマを追い詰めていった経緯を、樺太における一連の人喰い熊事件から考察する。

北限の出稼ぎの地

明治時代には「北海道落ち」という言葉があった。本州で食いつめた者が、北海道に「落ち延びる」ことを指す。

そして北海道には「樺太落ち」という言葉があった。北海道で食いつめた者が、さらに樺太に「落ち延びる」からである。

樺太は、冬期に零下二十度を記録するのが普通の酷寒地であり、流氷のために交通は杜絶する。また水稲栽培が不可能なため、米はすべて移入せざるを得ない。従って物価が非常に高かったといわれる。

その一方で、賃金もまた一般的に高かった。夏期の短い北方では、漁業や土木業など多くの産業が夏に集中せざるを得ない。短期間に多くの人手が必要なため、賃金が高止まりする傾向があった。さらに緯度が高いため、夏の一日は極端に長い。

要するに「きついが金になる」ので、多くの出稼ぎ労働者が、北海道、樺太に渡ったのである。

また同島は北海道と同じく大自然の宝庫であり、ヒグマの密集地帯でもあった（地元の人々は「アカグマ」と呼んでいたが、ヒグマが「緋熊」と言われるように赤毛の個体が多いことを考えれば同種と言っていいだろう)。

樺太のヒグマはおとなしく、人間に向かってくることは滅多にないと長らく言い伝えられてきた。たとえば以下のような記述である。

「同じ熊でも樺太の熊は北海道の熊よりおとなしい、樺太の熊は突然人に出会って驚いた時でなければ決して進んで人を襲わない」

——『樺太日日新聞』大正五年九月三十日

「樺太の熊は北海道のものほど執念深くなく、実にあっさりとしている(中略)それはこの地の熊が臆病であると云うよりは、下手に人間様に相手になってはよいことが無いという風に考えているので、寧ろそれは寒国の動物の特性たる賢さから来るものであろう」

——『樺太風物抄』谷口尚文、七丈書院、昭和十九年

「こっちは自動車に乗っていたんだが、ついウッカリとクラクションを鳴らしてしまったんだ。すると奴さん、驚くまいことか飛び上がってスタコラと一目散に逃げ出してしまった。その恰好の可笑しさに思わず哄笑してしまったが、こんなユーモアたっぷりな、それでいてスリルに富んだ出来事も樺太の秋でなければ見られない事である(「樺太の旅」阿部悦郎)」

——『週刊朝日』昭和十年秋季特別号

しかし筆者が地元紙『樺太日日新聞』（明治四十三年〜昭和十七年）をほぼすべて閲覧した印象では、決してそんなことはない。

冬が長く、夏の極端に短いこの地方では、いったん食物に困窮すると、里に下りて見境なく牛馬を喰い殺し、場合によっては人間をも襲った。そしてその凶暴性は年々増していき、昭和十年には樺太全島を震撼させた「伊皿山事件」が起きるのである。

本章で取り上げるのは、樺太庁管轄のため北海道庁の統計資料には出てこない、従って専門家の間でもまったく知られていない、樺太における人喰い熊事件の数々である。

炭鉱調査隊が襲われる

筆者の調べた限りでは、樺太統治が始まった明治末期から大正中頃にかけては、殺傷事件は極めて少なく、その多くは猟師が手負い熊に逆襲されるというケースであった。しかし一つだけ謎に包まれた事件がある。

「熊に喰はれしか―本年七月中、樺太島の劇場樺太座に乗込み数日間、慈善興行を為せる、区内函館無料宿泊所慈善活動写真隊、照沼兵吉ほか六名の一行は、同所を打揚げ後、西海岸各地を巡業し、さらに栄浜方面に向かいたるが、その後どこに行きたるものか、本部にさえも一向通信なしとて所主、区内宝町仲山与七より、これが捜索方を樺太支庁警務係に出願したりと」

——大正二年十月四日『函館新聞』

この失踪事件に関しては、当該記事以外にまったく手がかりがないが、前記「伊皿山事件」との関連もありそうなので後述する。

大正前期までは、獣害事件に関しては、おおむね平穏であった樺太も、後期になると、にわかに不穏な事件が続発するようになる。特筆すべきは、大正十一年に西海岸北部の恵須取町で発生した、鉱山会社の地質調査隊一行が執拗にヒグマに付け狙われた事件である。

この事件は、現地に出張していた樺太庁の技手が上司に当てた手紙を、地元紙が報じたことで騒ぎになった。以下、手紙の一部を転載してみよう。

「「……新聞や警務課員等の噂にてよくご存じとは思い居り候えども、千緒川上流二里くらいのところに宿営せる三菱隊より米噌運搬のため、海岸なる伊賀駅逓に遣わしたる人夫一名ラッパを吹きながら下山の途中、午前七時頃海岸より千間足らずの場所にて突然に襲われ、直ちにラッパは打ち落とされ、横打ちに打ち倒され、臀部に嚙みつかれたり」（中略）「去る十五日、三井会社の三人連れにて標杭打ちを終わり帰途、午後五時頃、千緒川の上流一里半余の場所にて、先頭に歩める人夫一名またもや熊に襲われ、顔面半分骨を痛める重傷、その他側頭部等に掻き傷を負い、（中略）上述のごとく熊に出会するにあらずして寧ろ熊に襲わるる状態にて一同困り居り候」

――『樺太日日新聞』大正十一年七月六日

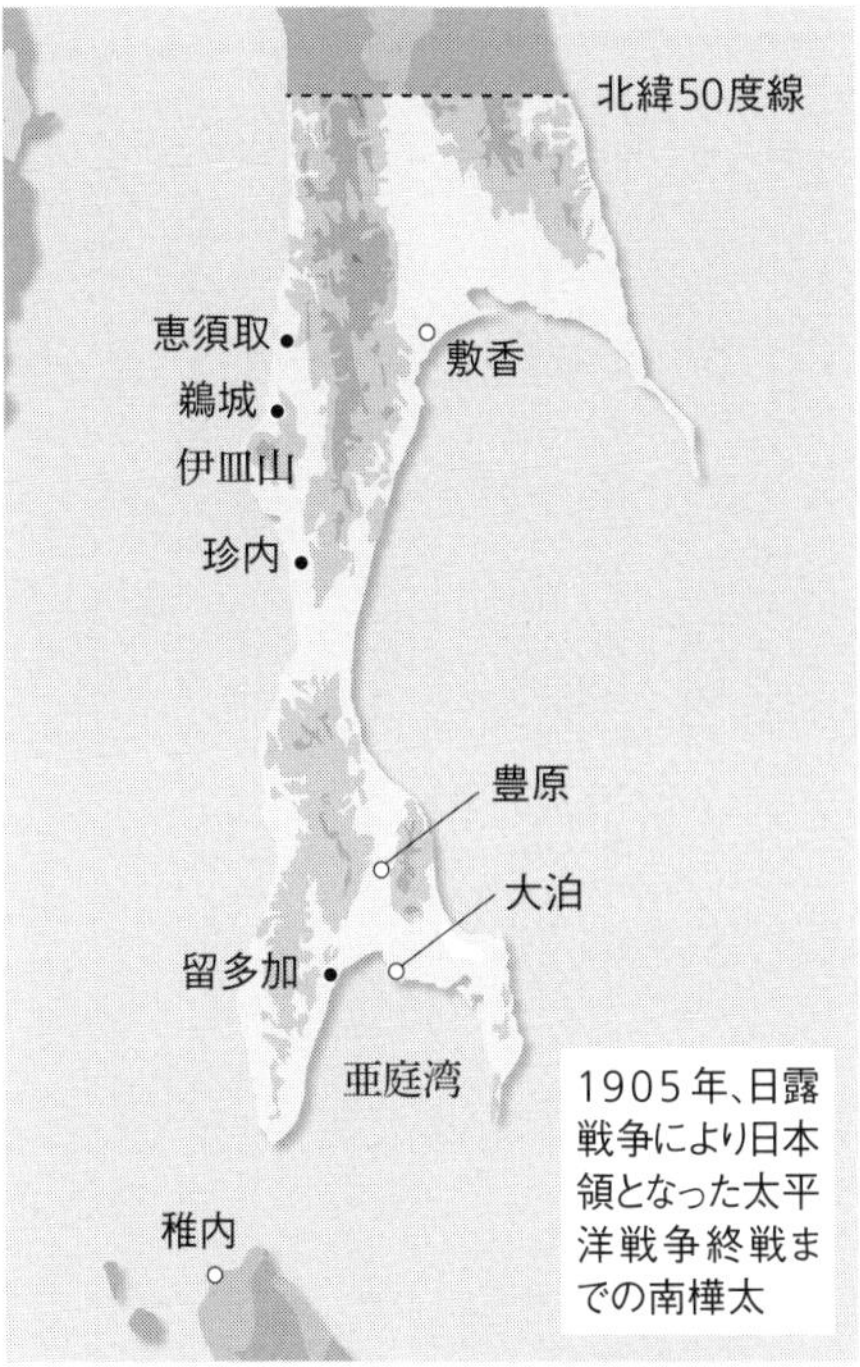

1905年、日露戦争により日本領となった太平洋戦争終戦までの南樺太

普通ヒグマは、足跡を消す「留め足」を使って藪に潜み、追撃隊の先頭が通り過ぎた二人目以降を狙うものである。しかし記事を見ると先頭の人夫が襲われている。つまり最初から人間を襲うためにうろついていたとしか思えない。熊除けラッパはなんの役にも立たず、かえってヒグマを寄せ付けたとも思える。

相次ぐ事件に一行は、刈り分け道を整備して見通しをよくすることや、アイヌ猟師らに頼みアマッポ（仕掛け銃）やオトシ（罠）を仕掛けるなどして対処したという。

その後、続報がないので、加害熊を仕止めるか、追い払うことに成功したと思われる。
事件現場である恵須取村一帯はヒグマの巣窟で、翌年十月にも「本月初旬から中旬の恵須取方面は熊の出没が甚だしい」（『樺太日日新聞』大正十二年十月三十日）の記事があり、この月だけで三頭が獲殺されたと報じている。
さらに翌年の大正十三年十月、同管内で再び人喰い熊が出没する。

「十七日樺太西海岸恵須取川上流、樺太工業造林現場において作業中の某は、突如巨熊に襲われ、うち一名は逃げ場を失いその場に咬み殺され、一名は重傷を負い、虫の息の状態にあり、馬一頭も荒れ狂う巨熊のために重傷を負わされた」

――『小樽新聞』大正十三年十月二十二日

樺太工業は後に述べる通り、王子製紙、富士製紙と並ぶ三大製紙会社のひとつで、経営者は渋沢栄一の姻戚に当たる大川平三郎である。それはともかく記事には捕獲についての記述がないので、おそらく加害熊は逃走したものと思われる。その証左とも思える人喰い熊事件が、その後、付近一帯で続発し始める。

「樺太西海岸北部、鵜城方面では最近、巨熊出没しているが、そのうち最も多い箇所は、鵜城、恵須取間および珍内間付近で、去月下旬から本月上旬にかけ、既に被害者三人におよび、中にも悲惨なのは若い婦人が道路を通行中、熊に襲われ、内臓をことごとく喰われて路傍に斃死してるのを通行人が発見し、ただちに付近部落民の招集を行い、熊を銃殺したところ、腹中から生々しい女の足がそのままとなって出てきたような凄惨なこともあり、また鵜城殖民地農夫が用達しに出かけ、ホロ酔い機嫌で帰宅の途中、襲われて首を引き抜かれ、そのまま即死したが、胴体以下を七八間先の叢中に穴を掘って埋めた上に熊が張り番しているのを翌朝、通行の農夫が発見して大騒ぎとなり、付近の猟師を狩り集めて銃殺したこともあり、また今月二日に珍内某伐採所の杣夫三人が通行中、熊と出会したが、折良く一人が銃を携帯していたので手早く発砲したが、手許が狂って命中せず、熊はやにわに同人に飛びかかり、激しい格闘となったが、結局熊のために顔面を掻きむしられ、その場に昏倒したのを同行者が救ったというようなことが続出するので、同方面旅行者はもちろん、一般の恐怖は非常なものであると」

――『小樽新聞』大正十三年十一月二十六日

位置関係を説明すると、樺太西海岸北部、恵須取村の二十五キロ南に鵜城村があり、さらに四十五キロ南に三浜村（のちの珍内町）がある。この七十キロの区間に、通行中の一般人を襲って喰い殺す複数の猛熊が、同時多発的に出現したのである。それだけでも前代未聞の椿事といえるわけだが、しかし事件は終わらなかった。

五年後の昭和四年、三たび人喰い熊騒ぎが、恵須取住民を恐怖に陥れたのである。

「恵須取町永島造材部、朱昌魯が数日前、付近の小川にヤマベ釣りに赴いたところ、川岸より五六間離れた草むらに真夏の陽を浴びながら巨熊が朱の足音も気づかずに昼寝の高いびきをしてるので、肩にした猟銃の狙いを定めて一発、たまは急所をはずれ腹を貫いたので熊は棒立ちになって一声吠えたかと思う間もあらばこそ、朱を目がけて飛びかかったので、朱は盲滅法に鉄砲をぶっ放したが、血に染まった熊は朱を叩き倒し昏倒したのを見て、そのまま森林奥へ姿を隠した、物音を聞き付近にいた流送人夫が駆けつけ応急手当を施したが、間もなく絶命した」

——『小樽新聞』昭和四年八月十一日

「最近、恵須取川上流に頻々として巨熊の出没をみるので同地造材業者や通行人は非常な危険を感じておったが、去る七日午前十時頃同地石井造材所杣夫吾妻某（四六）が所要あって外出したところ、一頭の巨熊はいきなり飛びかかってきたので、度胸のよい吾妻は何くそとばかり持ち合わせの刃物をふるって大格闘を演じたが、全身数ヵ所に致命的負傷を負い、その場にたおれたるを友人某が見つけて、背にした鉄砲を連発して見事巨熊を射とめた、なお吾妻は直ちに病院へ運ばれたが、途中遂に絶命した」

——『樺太日日新聞』昭和四年十月十六日

二つの事件は二ヵ月ほどの間隔で発生し、さらに現場が至近であることから、朱に手負いにされた加害熊が二つ目の事件を引き起こした可能性が高い。

急速な都市化と山火事

それにしてもなぜ、これほどまでに恵須取村近郊で人喰い熊事件が多発するのか。

樺太については資料が極めて乏しいので、状況証拠も限られるが、その上で考察を試みるなら、一つは前出の地質調査隊が測量に入ったことからもわかる通り、恵須取近郊に有望な炭層がいくつも発見され、炭鉱町として大発展を遂げつつあったことである。

以下は大正十二年の恵須取村長、志鷹興氏の演説である。

「恵須取村と三菱＝三菱鉱業部は大正六年以来、今日まで慎重周到なる検鉱の調査を進めている。その出願鉱区は南は鵜城より北は名好に至る六十二鉱区中、恵須取村内にあるもの実に四十一鉱区である。しかしてその炭田たるや、単に水準上の採掘のみにても十数年を継続し得るべく、炭質は一般に優良、内地各炭に比して毫も遜色がないという」

——『樺太日日新聞』大正十二年八月十九日

実は大正八、九年頃から、藤田組、三菱鉱業、樺太工業らがそれぞれ調査隊を派遣して、炭層の調査が始まっており、その中でもっとも競願が激しかったのが、恵須取川、恩洞川、塔路川地域の最優富鉱区であったという（『王子製紙社史　第四巻』成田潔英、昭和三十四年）。いずれも恵須取村近郊である。

こうして恵須取村の人口は増加の一途をたどり、大正末年には五千七百三十二人の多数に上り（『小樽新聞』大正十五年四月十二日）、さらに三菱による経営が始まると「恵須取に俄然石炭景気　三菱炭鉱は近く六十万トン採掘　鉱業用地買い上げで農民はにわか成金」（『樺太日日新聞』昭和八年九月六日）と活況を帯び始め、太平洋戦争の頃には「西海岸第一の新興都邑」（『小樽新聞』昭和十六年八月二十九日）と謳われるまでになった。

こうした急速な都市化がヒグマの生活圏を侵蝕していったことは想像に難くない。

もうひとつは樺太でしばしば発生した山火事である。

特に昭和四年五月に恵須取で発生した大火は、「即死二十八名、入院後死亡八名、重傷者六十七名、軽傷者三十七名、罹災戸数八百二十二戸」（『樺太恵須取町小史　沿海州の見える町』北海道恵須取会、昭和六十三年）といわれ、罹災者は三千百九十名に上ったという。

「樺太に於ける陸地測量事業の概況　陸地測量部」（『地学雑誌』第四十四巻、昭和七年）によれば、この大山火事で「四方より炎熱に爆音に脅威せられて、追われ追われて遂に逃路を失い村落に現れ、かえって射殺の大難に遇いたる熊十三頭ありたり」という。

恵須取ではこの後にも昭和七年、十五年に大火が発生しているが、山火事がヒグマの生活圏を破壊したであろうことは次の資料が示す通りである。

「樺太は山火事の多いところである。この火事がまた意外にも彼の熊の大なる禍となるので、彼等は山百合の根や、その他の草根を食って生きて居るのであるが、無情なる山火事の焔は紅の舌を延べてこれらを一なめして去る、彼等は自然に与えられたこの糧食を奪い去らるるに至って勢い濫せざるを得ない、背に腹は変えられぬと云うので危険とは知りつつも、どんどん人里近く押し寄せて強奪を逞しくするのである」

——『樺太風土記』西田源蔵、若林書肆、大正元年

しかしもっとも重大かつ深刻な要因は、樺太全島で大規模に進められた森林伐採であった。次に紹介する事件は、それを象徴するものである。

大正十二年雨竜人喰い熊事件

この事件は大正十二年初冬に、樺太南部の留多加町近傍で発生した連続人喰い熊事件である。雨竜は留多加南部の亜庭湾に面した地である。

「十月三十日午前九時頃、雨竜奥の三尺山から一頭の巨熊が現れ、通行中の三浦静観（三三）を噛み殺した。三十分後に杣夫某が発見通報し、一同が熊の捜索に出かけたところ、大宮松太郎（四〇）が熊を発見し、身を挺して熊に組み付き大声を挙げて応援を求めたため、他の杣夫が鉄砲を射かけたところ、熊は大いに怒って大宮を投げ出し、発砲した者に向かったため、一同は鉄砲を投げ捨てて逃げ帰った。翌三十一日、再び杣夫一同が熊狩りに出かけたが逆襲され、三粕新吉（三七）が噛み殺されて山に持ち去られた。さらに翌十一月一日、懸賞金九十円でアイヌ猟師らが雇われ、午前十時頃、ようやく加害熊が射殺された。被害者の死体は検視されたが、三粕は咽喉部を噛み切られただけで即死しており、三浦は首と足の一部を残し、その他は全部喰われてしまって何も残っていなかったという」

——『樺太日日新聞』大正十二年十一月十一日より要約

実はこの事件の二ヵ月ほど前にも、雨竜の北方にある留多加町で、一晩に牛三頭がとられたために、小里牧場の経営者の高橋六平が熊狩りに赴き、逆襲され死亡する事件が起きている（『樺太日日新聞』大正十二年九月二十一日）。さらにその一月前には、留多加郵便局の逓送夫、松浦熊蔵（五五）がヒグマと出会し、発砲したが逆襲され、左腕第二関節より切断する重傷を負っている（『樺太日日新聞』大正十二年十一月四日）。

これらの事件が同一個体によるものだと仮定するなら、加害熊は松浦の発砲により手負いとなり、小里牧場の高橋を殺害し、雨竜山林で杣夫を襲ったことになる。死者三名、負傷者二名を出す大惨事であった。

ところでこの事件について、いくつかの新聞が、その背景について言及している。

「〔樺太庁竹内林務技手の談話〕留多加方面の人々はいつも割合に温順な樺太の熊が、今年に限ってこんなに獰猛になったのは、鮭鱒のそ上がないから食物に不足しているところへ、官行斫伐《しゃくばつ》が盛んで住むところもなくなったためだろうといっているが、あるいはそうかもしれない」

――『樺太日日新聞』大正十二年九月二十一日

「彼等の常食は河川を遡上する鱒鮭等その他の魚類が主であった。しかるに近年、虫害木の伐採で年中盛んに流送が行われ、魚族の産卵床は傷つけられ川口はアバで止められたために魚族はほとんど川上へ遡上しなくなったので彼等のためには飢饉である、のみならず本月一日杣夫を食った熊は射止められたが、それを解剖すると彼は八個の銃弾を受けており、そのうち五つは新しく二つはすでに癒え、一つは化膿しつつあったことが判明した、故に彼は手負いであったのである」

――『北海タイムス』大正十二年十一月十九日

一般に植物相は寒冷地ほど単調になっていくが、樺太には「シュミット線」といわれる植物の境界線が北西から南東に走っていて、この線が日本固有種の北限となり、これより北部はさらに植相が貧弱になるといわれる。

樺太は北海道と比較して、冬はより長く、夏はより短い。この短い夏の間に、ヒグマは三ヵ月以上におよぶ冬ごもりの準備をしなければならない。従って栄養価の高い鮭鱒は、彼らにとって貴重であっただろう。その依存度は北海道のヒグマよりも、はるかに高いことが想像される。

『王子製紙株式会社　樺太分社案内』には「原料材の流送状況」と題して、樺太西海岸、登富津川の流送風景の写真を掲載しているが、数千本の丸太が川を埋め尽くす様子はまさに「実に一大壮観なり」である。

樺太の木材が大規模に切り出されるようになった背景は、いくつか指摘できるが、そのきっかけのひとつが前出の記事にもある「虫害木」である。

樺太では大正八年から「カラフトマツカレハ」の幼虫による針葉樹の深刻な被害が発生し、樺太庁は虫害木の大量伐採を始めた。この余剰材が、大正十二年に発生した関東大震災の復興に向から内地へ大量に供給されたのである。

折からの大戦景気により、材木価格は高騰しており、「第一次大戦を契機として木材需要は拡大し、林木伐採量もまた急増し、大正七年には戦前の三倍以上の二〇〇〇万石台に達した」（『新北海道史』）。

同書によれば、木材の体積、価格ともに、大正五年頃から跳ね上がっていることがわかるが、

大量の材木流送により川面が埋め尽くされている（『王子製紙株式会社樺太分社案内』より）。

この高止まりの傾向は大戦後の恐慌にもかかわらず、昭和初期まで続いた。

その理由は、紙パルプの需要が飛躍的に増大したことであった。

「樺太といえばパルプで知られ、当時全島生産額の六〇％（中略）がパルプで、全国パルプ生産の二〇〜三〇％は樺太で生産していた」（『ますほろ原野』石上正子、もく馬社、昭和五十一年）とあるように、樺太の広大な針葉樹林はパルプ原料として嘱望された。

明治四十年四月一日に樺太庁が設置されたが、初代長官平岡定太郎は樺太開拓のためには林業の振興が不可欠として、当時、三井物産の木材部長であった藤原銀次郎に相談を持ちかけたという。


「平岡長官としては樺太にパルプ工業を起こすことは、森林の八割あまりをしめている樹種のもっとも適切な利用法で、樺太産業上の発達を期する唯一無二の方策であるとして、藤原に向かって樺太南部における森林を希望通りに提供するから、ご尽力を願いたいと頻りに懇請した。（中略）平岡長官は藤原に向かって「どこでも君のよいところを選んだら、どれだけでもやる」というので、藤原は大泊にある旧練兵場敷地全部の払い下げを受けて工場敷地にすることにした」

——『王子製紙社史　第三巻』成田潔英、昭和三十三年

当時パルプは北欧からの輸入に頼っており、毎年巨額が支払われていた。従って「パルプの自

給自足問題は我が国家経済上実に重大」(『王子製紙株式会社　樺太分社案内』)であった。

これに追い打ちをかけたのが「人造絹糸」の生産であった。パルプを原料とした人工繊維が「人絹」であるが、「国内で実際に人絹パルプの製造が開始されたのは昭和7年(1932)樺太工業泊居工場がはじめてであり」(「わが国の人絹パルプ工業について」井戸川春三、『工業化学雑誌』第58巻第12号、一九五五年、ウェブサイト)、その後、樺太では王子製紙野田工場(昭和八年)、日本人絹パルプ敷香工場(昭和十年)が生産を開始した。

第二次大戦が勃発し、世界情勢が不透明な中、日本政府は人絹パルプ工業を国策産業とし、国内産原木を使用したパルプ工場の建設を推進した。その結果、人絹パルプの生産量は急増し、昭和十二年から十六年までに生産量は六倍に達した(前掲「わが国の人絹パルプ工業について」掲載グラフより)。

『北海タイムス』(昭和十二年九月二日)掲載の「パルプの需要　製紙用の需要総量　実に九千万トン突破」によれば、「大正二年を百とする指数は実に九百八十二に累進」とあり、二十四年間でパルプ需要が十倍近くなった。

また「右の生産高を地方別に見ると、四四・八パーセントは樺太、二九・四パーセントは北海道」で、両者で七割以上を占めたという。

「大王子」の成立

先に述べた通り、日本の製紙業界は王子製紙、富士製紙、樺太工業の三社による寡占状態だったが、「一九三三年五月に三社合併によって王子製紙（巨大化した王子製紙を特に「大王子」とよぶ）が発足し、（中略）大王子は国内生産の八〇パーセント以上を占有する巨大独占企業となり主要原料供給地の樺太はますます「王子の島」の印象を濃くすることになった（三木理史）」（『樺太四〇年の歴史─四〇万人の故郷─』原暉之・天野尚樹編著、全国樺太連盟、平成二十九年）。

「「大王子」は樺太の経済を左右するほどの影響力を持つようになり、「樺太のパルプ事業およびこれが原料たる森林資源は完全に王子資本の独占下に置かれるに至った」」

──『樺太年鑑　昭和十四年版』樺太敷香時報社、昭和十四年

なぜ王子製紙が、これほどの権益を得られたのか。それは「北海道国有未開地処分法」が法的根拠となっている。

樺太では「植民地の選定や区画測設などはほとんど北海道と同様の規程に従い、国有未開地処分に関する法令も北海道での経験が参考されている」（前掲書）という。

その内容については前出の通りだが、同法は明治三十九年に改正され、大地積については制限を緩和して、資産をもった者に売り払う方針をとった。この改正により、「広大な面積の森林が大企業のために処分された」（前掲書）。

さらに明治四十一年に「北海道国有林野及産物処分令」が改定されて、随意契約で国有林野を売り払うことになった。「この処分令によって本格的に操業を開始した王子製紙を筆頭に製紙会社二社と三井物産は森林資源を大量に確保したのである」（前掲書）。

このような政策が、樺太においても慣例となったであろうことは想像に難くない。

以下は、『王子製紙株式会社案内』（昭和十一年）から抜粋した、北海道、樺太の各工場の生産能力である。

北海道

苫小牧工場　紙生産能力　三億三千八百万ポンド

江別工場　紙生産能力　一億五千四百万ポンド

釧路工場　紙生産能力　六千二百万ポンド

樺太

大泊工場　紙料生産能力　一万八千トン

豊原工場	紙生産能力	一千百万ポンド
落合工場	紙生産能力	九千二百万ポンド
知取工場	紙生産能力	一億九百万ポンド
真岡工場	紙生産能力	九千四百万ポンド
野田工場	紙生産能力	三千九百万ポンド
泊居工場	紙生産能力	一千百二十万ポンド
恵須取工場	紙生産能力	一億三千六百五十万ポンド
敷香工場	紙生産能力	不明

これらを総合すれば、北海道全体で五億五千四百万ポンド、樺太全体で約四億九千三百万ポンド以上である。

「全国樺太連盟」によれば、南樺太の面積は約三万六千平方キロメートルで、北海道の約四十三%程度に過ぎない。従って樺太では、北海道の二倍のスピードで森林が伐採されたことになる。

前出の樺太工業社長で、後に「大王子」相談役に就任した大川平三郎は、『小樽新聞』記者のインタビューに次のように語っている。

「紙の需要を人口に比較せば米国がもっとも多く、一人あたり百八十ポンドで、日本はわずか十分の一の十八ポンドである（中略）我が日本の需要も早晩、現在の二倍に増加するものと思わねばならない。ゆえに現在のままに進めば原紙の材料は我が国では今後二十ヶ年よりの寿命よりないわけである、（中略）北海道はすでに原木に行きづまったとしても、樺太はなお六億の材積を有するが、これとて前記の需要関係からせば同様、今後二十ヶ年の命よりない」

――『小樽新聞』大正十四年九月八日

内務省警保局による『昭和七年中に於ける出版警察概観』によれば、「昭和七年中、出版法により発行せらるる出版物の納本総数（中略）は八五、三五七種にして、（中略）十年前の大正十一年（四八、四〇四種）に比すれば三六、九五三種、すなわち七割五分強の増加」とあり、書籍の出版点数が大幅に伸びていることがわかる。

さらに新聞雑誌の発行数は昭和七年に一万千百十八種で、同じく大正十一年の四千五百六十二種と比較すると、二・四倍となっている。

欧州大戦を契機に、日本国民の所得は大幅に向上し、大衆娯楽が求められるようになった。当時の新聞を通読していると、大正中頃から、競馬、野球、大相撲などのスポーツ記事が社会面を占めるようになり（逆に筆者の関心事であるヒグマに関する記事が割愛されるようになるのであるが）、出版業界においては講談社の大衆誌『キング』をはじめ、多くの娯楽雑誌が創刊された。

当時、製紙の約四割は新聞紙といわれていた（『樺太年鑑　昭和十四年版』）が、紙は「情報を伝達する」という意味において、現在のインターネットと同じ役割を果たしたと言える。大川の言うように、紙の需要が今後も伸び続けることは自明のことであった。

「当時の樺太では森林伐採においては一般的に「皆伐」という方法がとられていた。簡潔にいえば「皆伐」とはある伐採区域に指定された区域の樹木をすべて切り倒してしまう方法である。（中略）しかし、数十年、数百年かけて形成された生態系に突如として急激な変化を与えるのであるから、その影響もやはり大きい」

――前掲『樺太四〇年の歴史―四〇万人の故郷―』

「男子生まれて職を得んとす。貧乏村の小学教員たらんか、日本中のはげ山に木を植えんかと存じ候」とは、正岡子規の言葉だが、「かつての里山は「はげ山」か、ほとんどはげ山同様の痩せた森林――灌木がほとんどで、高木ではマツのみが目立つ――が一般的であった。少なくとも江戸時代中期から昭和時代前期にかけて、私たちの祖先は鬱蒼とした森をほとんど目にすることなく暮らしていたのである」（『森林飽和』太田猛彦、ＮＨＫ出版、平成二十四年）とある通り、当時は日本中が「はげ山」であった。

石炭も石油もガスも電気もない時代においては、薪炭のみが燃料のすべてであったから、森という森はことごとく切り倒され、見渡す限りの荒山が続いていた。考えてみれば、浮世絵が描く当時の風景は、海岸線の岩山に松がショボショボと生えていたりするのが普通である。花札の

「ボウズ」は、まさに当時の人々が目にするそのままの山の風景であったのだ。

『小樽新聞』（大正十五年十月二十九日）に、美国町（現・積丹郡積丹町）での盗伐による坊主山の話がある。

「積丹半島一巡記　よくも徹底的な坊主山（三）　美国町に上陸して第一番に驚いたのは四方の山に樹が一本もないということである。船の上から見たときはさほどにも感じなかったが、上陸して見るとまったく驚いてしまった。見ゆる限りの山という山、野という野、樹一本見つからぬ。いくらないといっても、こんなに無いのは珍しい。（中略）変に思ったからさっそく案内役の藤本君に聞いてみると、明治初年頃までは実に天をおおう大幹巨木鬱蒼とし生い茂り、入舸、余別の道路は昼なお暗く樹の間をヌッテ歩いたものであったが、鰊の大漁《ママ》に同時と《ママ》薪炭として切り採られてからダンダンと盗伐もやり出すようになったところへ、数度の大山火に見舞われ、木の根も見ることのできないくらいに燃え尽くされ、見る通りのボーズ山になったのであると聞かしてくれた」

このような状況から、当然ながら森林資源の枯渇が危惧された。『樺太年鑑　昭和六年版』は、このペースで伐採を続ければ、数十年足らずで樺太全土が丸坊主になると試算しており、「原料難は百年の計に俟つような造林などでは、到底緩和し得られないのである」として、経済的要求に抗しきれずに伐採が続くであろうことを示唆している。
行政も危機感を募らせ、「北海道庁は山林の衰微し行く状況に鑑み、大正十二年以来、製紙原料の払い下げ材積（丸太）を一ヶ年二百十万石と決定した」（前出『樺太年鑑』）。また樺太庁でも、造林目的のために「無立木地」つまり丸坊主の山林を無償交付する代わりに植林を担わせ、成林後にその土地を譲与するという事業を昭和十一年から始めた（『樺太年鑑　昭和十四年版』）。
また一方で、パルプ工場が垂れ流す公害も甚大であったという証言がある。以下は王子製紙苫小牧工場が流した「ゴタ」の記録である。

「王子製紙の水で、川の水が汚くなったときのことはよく覚えています。臭くて、臭くて。甘酒の濃いのみたいでドロドロして。それが流れる前は川に魚が泳いで、お盆にソーメンゆでて、川に撒いてやると魚は泳いで来るの。それを見て、遊んだもんです。でも、いっぺんにダメになりました」

——『苫小牧村字川尻マルモ漁場〜扇ヶ浦にソーラン節が聞こえる〜』佐藤トワ、苫小牧郷土文化研究会、平成二年

『報知新聞』（昭和十一年八月二十五日）は「王子製紙株式会社は我邦製紙界の王者である、（中略）殊に事業地たる北海道樺太に在りては宛然たる王子王国を現出し、農村の開発と交通の発達を促進し、拓殖振興に寄与するところ甚大なるものがある」とぶち上げている。

しかしこの記事の掲載紙を賄うために、樺太の森林が大量に伐り出されていることに思い至る視点は、残念ながら見出せない。

ましてやそれが、ヒグマを破滅的な状況に追いやっていることなど、想像すらつかなかっただろう。

昭和七年敷香人喰い熊事件

昭和七年は南樺太全域でヒグマの「暴れ年」であった。中でも北部の中心都市、敷香周辺でヒグマの出没が相次いだ。当時の新聞記事をいくつか拾ってみよう。

「数日前、上敷香殖民地において野熊のため三名もかみ殺された事件があり、奥地住民は恐怖を抱いている折も折、また一名がかみ殺された事件があった。二日午後七時ころ金田某が馬車で物資運搬中、敷香町大字保恵をはなる北方約二里の地点の国道で突然巨熊現れその場にかみ殺された（後略）」

――『樺太日日新聞』昭和七年十月七日

「十一日午後四時頃、敷香市街より約十丁南方の（中略）海岸に熊二頭が現れ、しかも悠々と寝そべっているため自動車も馬車も人も通行することができず、遥か離れてアレヨアレヨと傍観するばかり（後略）」

——『樺太日日新聞』昭和七年十月十三日

「敷香郡字気屯部落の人、與田栄作（三三）は二十七日午後六時頃、推定六歳位の巨熊に襲撃され顔面および腹部左脚部等を喰われ無残な横死を遂げた。遭難死体を発見した部落民等はその仇を討つべく大挙猟銃をもって出動捜索中、前記巨熊を死体付近の叢林中において発見、いったん取り逃がしたが三十日午前七時ついに射殺（後略）」

——『樺太日日新聞』昭和七年十一月三日

この中で注目されるのが、最初の記事中の「野熊のため三名もかみ殺された事件」である。同事件については『遥かなり樺太　樺太警友の手記』（樺太警友会北海道支部札幌フレップ会、昭和五十五年）所収の「人食いグマ退治」（佐藤宗之進）に詳述されているので以下に略記しよう。

昭和六年〔筆者註：七年の記憶違い〕九月三十日の午後、上敷香東方二キロの開墾地で菓子行商の老婆が熊と鉢合わせした。熊は敷香川へ逃げ、流送作業中の人夫と出会った。屈強な人夫頭がトビロ（伐木作業に使う道具）で熊の横腹を突いたところ、熊は川を渡って対岸の燕麦畑に逃げ込んだ。騒ぎを聞きつけた農夫が村田銃を射ちこんだが逆襲され、全身を噛まれて死亡した。熊はさらに地続きの森林内に入り、伐採作業中の杣夫三名を襲撃。このうち二名が死亡した。午後八時頃のことであった。

翌日の十月一日、地元ハンターらが熊を射止めたが、襲われた杣夫二名は全身を食い荒らされた無惨な死体で発見された。

「射止めたクマを河原に運び、ハンターたちの手で解剖して見ると、クマの腹の中には、杣夫の頭の皮、内臓、ゴムぐつの切れはしまで入っていた。そのほかにサナダ虫が金だらいにいっぱいも出て来た。（中略）樺太にすむヒグマは、人間を襲わないと言い伝えられていたが、手負いになると例外で、短時間に一頭のクマに三人も食い殺されたのは珍しいことであった。このクマは雌で四歳くらいだとハンターたちは話していた」

——前掲書

このように昭和以降の樺太における事件は、人間を襲って喰うケースが圧倒的に多い。大正期に起きた事件は南部の中心都市である豊原、大泊周辺に集中しており、その内容も排除行動による傷害事件が多い。しかし昭和に入ると、事件の中心は北部に移り、人間が喰い殺される凶悪なケースが急増するのである。

樺太南部に棲息していたヒグマは、開拓の進展とともに北へ撤退を余儀なくされた。地図を見れば明らかな通り、同島南部における山岳地帯は北上するに従って先細っていき、ついには広大な平原となる。南部から逃げてきたヒグマは、この狭隘な山岳部に過密状態となって追い詰められたことが想像される。

これに加えて、急激な森林伐採と、材木流送による鮭鱒の不足、さらに水質汚染が追い打ちをかけた。

昭和十年、伊皿山で起きた惨劇は、彼らの危機的状況が、もはや一刻の猶予もならないものになっていることを証明するかのごとき壮絶なものであった。

昭和十年伊皿山事件

伊皿山は南樺太北西部に位置する標高約一千百メートルの山である。前出の「シュミット線」で知られるドイツ人学者フリードリッヒ・シュミットが、昭和十三年に樺太を訪れ、その手記「樺太印象記」で国立公園に指定すべき景勝地であると絶賛している（『樺太』昭和十四年二月号）。

伊皿山はまた、高山植物が豊富であった。当時、樺太では世界的に希少な高山植物が発見され、密採集が問題になっていた。

ヒグマに喰い殺された三名も、そのような人々であったらしい。

鵜城村大字鵜城の洋服仕立て職人宮澤忠三（四七）、同村土工人夫安田長次郎（三二）、恵須取町土工人夫佐野忠策（三二）の三名は、昭和十年九月二十九日午前九時、円度部落から約四里半奥地の伊皿山麓に高山植物「山つつじ」採取の目的で、二日分の食料を携帯し登山に出かけた。

しかし三日を経過しても帰宅しないので、十月三日朝、巡査以下十五名の捜索隊が入山探索し、四日は工事人夫十三名、五日は鵜城在郷軍人会十八名がそれぞれ行方を捜索したが、わずかに木彫りの目印と思われる形跡を、海岸より約三里の地点で認めたのみで、さらに六日朝も五十名の捜索隊を編成したが、これまた午後五時に空しく帰還した。

遭難地点の状況にくわしい林務署長は、次のように語った。

「あの山はどこへ登っても海がみえるので、海さえ目あてに降りてくれば古丹か円度へ必ず降りることができる（中略）。熊もあんな高いところに住んでいないゆえ、熊のために殺されたとは考えられない。食料の不足と疲労から山中で休んだまま歩行もできず飢餓したとみるのが本当だろう」

――『樺太日日新聞』昭和十年十月十三日

しかしこの遭難事件の数日前、山を挟んだ反対側の知取町で、牧夫がヒグマに八つ裂きにされるという凄惨な事件が起きていた。

九月二十二日午前七時頃、知取町郊外、辻牧場の式部某（五〇）と中谷某（二〇）が路傍より突然飛び出した巨熊に襲われ、中谷は辛うじて逃げたが、式部は猛り狂った熊のために全身に創を負い、大腸を露出した無残な姿で発見された（『樺太日日新聞』昭和十年九月二十四日）。

このため、伊皿山で遭難した三名も、「ことによったら熊に喰われたのではないかと憂慮されていた」という。

そして十月十三日、捜索隊はついに、壮絶な現場を目の当たりにした。以下、当時の新聞記事をそのまま掲載しよう。

「巨熊に喰われた無残な三名の頭蓋骨　鮮血にまみれた熊笹の密林に　歴然と残る恨みの跡─去月二十九日、高山植物いそつつじ採集に鵜城村伊皿山に登山した鵜城村、洋服仕立屋宮澤忠蔵ほか二名の捜索隊は既報数回にわたって決行され、遺留品だに発見できず絶望中、去る十三日午前九時、最後の捜索隊高倉徳三郎氏ほか数名が円度川上流四里の地点、熊笹生い茂る密林中に巨熊に喰い尽くされたと見られる無残な三名の頭骨、熊の糞、他に外套等遺留品ある旨、十四日夕方同氏等の帰村によって判明した。

高倉氏等の捜索隊は絶望の中にも『これが捜索の最後だ』と悲壮な決意をして十二日朝円度川を遡り、途中で夜営し、十三日未明嶮岨な藪を伝わって嶺に南行三時間余、二里の行程の後、遭難者等の露営したと見られる形跡を発見、勇躍してなお百間余登攀し、前記のごとく熊笹の茂った足場もない嶮岨の地点に、熊と格闘ついに喰い尽くされた残骸を発見したものである。付近は歩行さえも困難で十三日の難行の際も一行の一人が足下に鈴の落ちているのを発見、次いでまた外套の切れ端があるという具合で漸次三名の遭難地点が近きことを知り、無我夢中で樹間をよじ登る目先に俄然、鮮血にまみれた熊笹や木々が散らばっており、熊にやられたことが決定的にわかったらしく、これ以上捜査の必要なしとしばし黙禱した後、遺留品を抱え下山したものである。同氏等の語るところによれば、三名が露営したところは、いそつつじの密生地から百間ばかり離れており、去月三十日朝採集中、にわかに巨熊に襲われたが、足場が悪く、その上険しい山中のこと、如何ともなし難く、斧やナイフをふるって必死の格闘の後、恨みを呑んで一人一人熊の手に斃れたらしく、外套の切れ端、頭蓋骨等には思わず暗涙に咽んだそうである」

——『樺太日日新聞』昭和十年十月十六日

同じく『北海タイムス』は、宮澤らが登山した動機と、加害熊が二頭いた可能性について伝えている。

「樺太鵜城山奥で三名熊に襲わる　惨！　猛闘を物語る死体付近—九月二十九日高山植物『エゾツツヂ』採取のため樺太鵜城村伊皿山に登った鵜城村洋服仕立職宮澤忠三、樺太庁土木課人夫安田長次郎、同佐野忠作の三名は四、五日たっても帰らず、遭難したものと見込んで村民は数回にわたり捜索隊を出したが空しく十余日を経てもなんら手がかりを発見し得ず。最後の捜索隊（中略）は、十三日午前九時過ぎ、円度川上流四里の地点、熊笹の密生中で三名とも無残にも巨熊に喰い殺されている死体を発見した。（中略）嶮岨な藪原を難行登山し二里近く登った個所に三名の露営した跡を見つけ、外套その他遺留品もあり、付近で遭難したものとみて、なお百間ばかり登ったところ、密生した笹原に到着したが、展望利かず、登行困難を極めているうち一人が足下に警戒のため携行せる鈴が落ちており、さらに外套の切片を見つけ、付近一帯を捜しているうち、笹や木が鮮血に染まり格闘の惨状を物語り、熊の脱糞の中から頭髪のついているままの頭骨と消化されない衣類の切片などを発見したので、遺留品その他を携えただちに下山した。三名は露営地の山上へ百間ばかりの所にエゾツツヂ密生の個所を見届け露営適地に降り、翌朝採取に出かけ巨熊に襲われ、足場悪く逃げかね、鉈で格闘したるもおよばず喰われたものと想像される。土木課の監督が工事切り揚げ豊原に帰るので、みやげに採取を宮澤に頼み、部下の人夫二名をつけて登山して、この奇禍に遭ったものだが、熊も二頭以上かと見られている」

——『北海タイムス』昭和十年十月十六日

この事件は、南樺太全島を震撼させた人喰い熊事件として、広く知られたようである。当時の雑誌から記事を拾ってみよう。

「夏の山はキャンプの楽しさと熊の恐ろしさが同じ程度に私の胸に甦って来る。いつか同志五、六人で幌登嶽へ登った事があった。（中略）隣のS君が「おいおい」と小さな声で揺り起こす。（中略）がさがさと異様な物音がする。一瞬二人の胸には伊皿山の残虐な熊が浮かんで来た。（「山の思い出」菊地恒一）」

——『樺太』昭和十三年八月号

「所謂「山の親爺」と呼ばれる熊に就ての話は随所に聴く機会があった（中略）先年西海岸の伊皿山で三人迄もその犠牲となった話は未だ耳新しいことである。（「熊の足跡」船崎光治郎）」

――『樺太時報』昭和十四年十月号

実は三年後の昭和十三年、現場より百二十キロ北の沃内村で、同事件と酷似した残虐な人喰い熊事件が発生している。

「熊の出る開墾地〔として知られる〕名好郡沃内の柴田大二郎さん（三八）は、十月六日午後一時、茸を取ると山へ登っていった。夜に至っても帰らないので、友人の奈須源四郎さん（四三）が柴田を探しに山へ向かったが、朝になっても二人とも姿を見せず、村ではようやく問題となり大騒ぎとなった。七日午前、村民の内でも屈強の者が四、五名、両名を捜査のため山へ向かったが、沃内より四里半八木橋造材事務所西方百間の所に、柴田が無残にも熊に喰われて、ただその凄惨を伝えるように頭と腸のみが残って、あたり一面血の海と化し、ふた目と見られぬ物凄さであった。またその近くに奈須の無残な姿も見られ、二人とも巨熊の襲うところとなって命を落としたことが判明した」

――『樺太日日新聞』昭和十三年十月九日

まさに伊皿山での殺戮を彷彿とさせる凶悪事件である。伊皿山事件が複数の個体によって引き起こされたとするなら、そのうちの一頭による可能性も捨てきれないのではないだろうか。
この事件以降、ヒグマ関連の事件記録は、ほとんど見当たらない。太平洋戦争により、新聞資料その他が散逸してしまったためである。しかし先述のような乱開発を鑑みると、戦時中も殺傷事件が起こっていた可能性は高い。

蛇足ながら、この伊皿山事件に関しては、前掲記事以外に、日本山岳会名誉会員、初見一雄が随筆で触れている。

「数日前、演習林の作業員から聞いた、ウシロ山道の伊皿で三菱鉱業の調査隊七名が熊に襲われたことがあって、還る者一人としてなし、と云う凄い熊の殺人ばなしを思いだした。これは当時より数年前の出来事だが、有名な事実なのである」

――『すこし昔の話』茗溪堂、昭和四十四年

略歴によれば、初見が樺太に滞在したのは北大農学部時代の昭和十一年なので、伊皿山事件については当然知り得ただろう。しかしこの事件の犠牲者は三名であり、また鉱物調査隊でもない。従って別の事件と混同しているものと思われる。
つまり調査隊七名が襲われ、全員が喰い殺されるという前代未聞の事件が、伊皿山以外の別の

場所で発生していた可能性がある。

三菱鉱業と言えば、先に触れたように大正十一年に恵須取山中で地質調査隊が繰り返しヒグマの襲撃を受けた事件があったが、当時の新聞に、それらしい記事は見つからなかった。

ここで、この章の冒頭に取り上げた、函館の活動写真隊が行方不明になった事件を想起していただきたい。

彼らもまた「照沼兵吉ほか六名」、つまり七名だったのではなかったか。

ただし鉱物調査隊とはまるで関係のない一行であり、事件が起きたのは大正二年と、初見の話題より二十年以上も前のことであるから、関連は低いかもしれない。

元樺太守備隊司令官の楠瀬幸彦中将は、十五年ぶりに視察に訪れた豊原で、地元紙の取材に次のように答えている。


「言を極めて言うならば、殖民地のうちで樺太はいちばん発展の鈍い方だろう、これまでは掠奪的産業の弊があったが、島人ももはや新産業政策の樹立に心をそそがねばなるまい」

——『小樽新聞』大正十二年十月十三日

明治四十年の樺太庁設置以後、同島は一貫して、資源略奪的な産業によって発展してきた。当初は漁業、大正中期以降は、本章で取り上げた林業、そして炭鉱業がそれである。

経済発展を優先させ、自然破壊に無関心であった人間の欲望と傲慢は際限なく膨れあがり、その犠牲となった自然は、ついに「異形の神」ともいうべき「人喰い熊」を生み出してしまった。

樺太での一連の事件は、その愚行が招いた悲劇の顕著な例であると言えよう。

いわゆる「見得を切る」というのか、歌舞伎役者をまねてポーズをとらせている
（『けんぶち町・郷土逸話集　埋れ木　第三集』）。

おわりに——現代社会にヒグマが牙を剝きはじめた

全体として凄惨な事件ばかりを扱ってきたが、笑い話も意外と多く残されている。たとえば次のような話である。

ある人が、帰宅が遅くなり、熊の出る夜道を歩いて帰らねばならなくなった。そこで彼は郵便局で電報を打つことにした。

「コンヤカエレヌ　アスカエル」

今度は郵便局員が、その電報を届けに行かねばならない。

怖いので、同行する人を募った。

「誰か一緒に行く人はいませんか」

「私が行きましょう」

手を挙げたのは、電報を打った本人であったという。

あるいはまた次のような記事もある。

「四、五日前のこと。上磯部郡茂辺地村字ヤキナイの山上という家の雑庫に大きさ牛ほどの大熊が這入って来たのを家の者が見つけたが、雑庫には鰊漬けの貯えがあるのみで他に大切な物もないので「たかが鰊樽のひとつふたつ食い荒らされるくらいなら」と追いもせずに熊の様子を窺っていると、案の定鰊漬けを嗅ぎ当てるやいなや、その大樽に手をかけて軽々と肩に乗せ、そのままノソノソと担ぎ行くのを見て、「さては熊め、どこへ持っていくのか見届けてやろう」と流行気《はやりき》の若者等が跡を追って行くと、畜生の可笑しさで、一丁も行くうちにいつの間にか樽の口から鰊漬けが漏れ出して中身がなくなってしまったのに気づかず、一生懸命、空樽を背負いサッサと駆けて行く後ろを、行く先を見届けようと追ってきた若者たちも、この態を見て思わず吹き出し、大笑いしたという」

——『函館新聞』明治十一年十一月二十八日より要約

この笑い話は、細部を変えながらも各地で語り継がれている。たとえばこんな調子である。

「晩秋の候、蝦夷の熊は鮭を盗まんとて、浜に下り来たり、長き縄にて数十尾の鮭を通し、ヤッコラサと担うて去るなり、されど愚かなることには、その縄の端を結ばざるがゆえに、鮭は自己の歩行するにつれて抜け落ち、かくて自己の穴に着する頃には、一尾も背になく熊は後ろを顧みて呆然たるなり、大胆なる男はひそかに熊の後ろより従い行き、労せずして多くの鮭を獲ることあるなり」

——『熊の嘯《うそぶき》』河合裸石、求光閣書店、大正四年

ヒグマは「山の親爺」といわれるように、愛すべき山の隣人として親しまれてきた。北海道に生まれ育った筆者も、そのような印象であったが、また一方で恐るべき野獣であると認識したきっかけは、おそらく多くの読者と同じく、小説『羆嵐』であった。

この作品は北海道民に、ほとんどトラウマに近い衝撃を与えたのではないだろうか。筆者も子供心に、人喰い熊の恐ろしさに戦慄したものであったが、同時に開拓時代の厳しい暮らしと先人の苦労に、改めて思いを馳せたものであった。

その後、筆者は上京してしまい、ヒグマの話題からもしばらく遠ざかっていたが、とある機会に中学以来の友人が、『新版　ヒグマ』（門崎允昭・犬飼哲夫）を譲ってくれたことで、再び人喰い熊への関心が再燃した。

この本はヒグマの生態からアイヌ民族との関連に至るまで網羅した名著であるが、とりわけ開拓時代に発生した人喰い熊事件が、筆者の目を惹きつけた。その凄惨な殺害現場の描写は、筆者の野次馬的嗜好を満たすのに十分であった。

もっとこのような事件を読みたいという欲求が高まり、北海道の釣り雑誌『ノースアングラーズ』（つり人社）で、「ヒグマ１１０番」の連載を始めた。そして「五大事件」に始まり、各地民話からヒグマに関するエピソードを拾っていった。その過程で、事実確認のために当時の新聞記

事に当たるうち、まったく知られていない人喰い熊事件が意外にも多いことに気がついた。

そこで明治十一年創刊の『函館新聞』から始めて、昭和十七年の戦時新聞統合までを通読することにしたのであったが、ここで問題が発生した。

当初はページ数も少なく、比較的順調に閲覧が進んでいったが、大正中頃から活字が異常に細かくなり、さらに夕刊の発売があり、地方版が加わりと、手間が倍加していった。

さらに困ったことには、北海道では『北海タイムス』と『小樽新聞』が長く二大紙と言われ（『北海道樺太の新聞雑誌』切刀真二）、ライバル関係にあったが（正確には部数が半分程度の『小樽新聞』が『北海タイムス』に一方的な対抗心を抱いていたと思われる）、片方で大きく報じた事件が、もう片方ではまったく報じられないケースが、けっこう多いことに気づいたのである。そこで両紙を併読しなければならなくなった。

このようにして、多くの時間を函館中央図書館で過ごさせていただいた。

なぜ函館中央図書館なのかといえば、同図書館では、マイクロフィルムではなく独自に製本した縮刷版を用意しておられ、それがないものに関しては貴重な原紙を閲覧させていただけるからである（言うまでもなくマイクロフィルムは非常に目が疲れるのである）。また二年におよぶ新型コロナ騒動のさなかにおいて、開館を維持し続けた、その英断には、筆者のような特殊な境遇の人間（ヒマ人とも言うが）はともかく、多くの研究者が喝采を送ったことだろう。

そのコロナ騒動のまっただ中であった昨年、つまり令和三年は、未曽有のヒグマの暴れ年であった。

この年のヒグマによる死傷者は十二名（死者四名、負傷者八名）にのぼり、統計を取り始めた昭和三十七年以降で最多となったという。

このうち死者を出した四つの事件は、それぞれ以下の通りである（北海道環境生活部環境局自然環境課）。

四月十日、厚岸郡厚岸町床譚の道有林内で、山菜採りの六十代男性が頭部に損傷を受け死亡。加害熊は未獲。

七月二日、松前郡福島町白符の自宅畑で、七十代女性が襲撃され死亡。加害熊は未獲。

七月十二日、紋別郡滝上町の林道で、内地から観光で来ていた六十代女性が襲われ死亡。加害熊は未獲。

十一月二十四日、夕張市内の山林で、狩猟のため入山した五十代男性が襲われ死亡。加害熊は未獲。

四名もの犠牲者を出したこともさることながら、これらの事件が道内各地に分散している、つまり同時多発的に複数の「人喰い熊」が出現していることに注目したい。しかもそのすべてが捕獲されず野放しのままである。

なぜこれほどの被害が出たのか。

原因として、まず挙げられるのが深刻な過疎化だろう。

北海道総合政策部によれば、道内の全市町村百七十九のうち、百五十二、実に約八十五％が「過疎地域市町村」（令和四年四月）とされている。

北海道の過疎は長距離バスに乗ってみればわかる。朽ち果てた開拓農家が、国道に沿って点々と残されているのが、車窓から窺える。

これは内地でも言えることだが、山間集落の高齢化、過疎化によって人間が撤退し、逆に野生動物が、そのテリトリーを広げつつあるのが、現在の状況である。またこれに関連して、農業の大規模化によって、無人の畑地に下りてくるケースが増えていることも指摘されている。

次に挙げられるのが、この二十年あまりでヒグマの個体数が一万二千頭にまで激増したことである。

前にも引用したように、戦前戦後を通して、ヒグマの棲息数は、だいたい三千頭前後で推移しているといわれてきた。その理由は「毎年子グマが七百五十頭程度生まれ、五百頭が獲殺、二百五十頭が自然死」するからである。

しかし平成十年頃から、比較的安全な春熊猟（冬ごもり中の熊穴でヒグマを捕獲する猟）も含めた銃猟が禁止され、箱罠（開閉式の檻を設置しエサで誘導、捕獲する装置）による捕獲が推奨されるようになった。動物保護の観点から導入されたものだが、この箱罠猟には限度があると、道東某猟友会のベテラン猟師は語る。

「最初はよくかかったが、熊は賢いから、そのうち学習して、なかなかかからなくなる。熊の通り道に箱罠を置いて一年ほど自然に馴染ませ、それからエサで誘引して、ようやくかかるかどうか」

要するに箱罠猟は極めて効率が悪いのである。前記、四事件の加害熊が依然として捕獲されないのも、ここに理由がある。

このため、獲殺されるはずの五百頭が生きながらえるようになり、現在、道内のヒグマ個体数は一万二千頭と言われるようになった。毎年、五百頭ずつ増えていくとして、二十年間で一万頭となり、計算上もつじつまが合う。

ヒグマの個体数は、この二十年間で、実に四倍に増えたのである。

先に述べたように人喰い熊の出現数は「一千六百〜二千五百頭に一頭」なので、現在の棲息数一万二千頭に換算すれば、おおむね五〜七頭程度となる。最大で七頭もの、今風に言えば「ガチでやばいヒグマ」が、道内各地をうろついているのである。

ヒグマの人身事故については、すでに多くの専門家が意見を述べておられるが、筆者の知見からも少し述べたいと思う。

冒頭の地図⑨は二〇〇〇年以降に発生した人喰い熊事件をマッピングしたものである。

発生地域が太平洋沿岸に集中しており、これまでとまったく違う傾向を示していることがわかる。

大ざっぱに言って、明治期は日本海沿岸と石狩平野に集中し、大正期に旭川から北見地方へ、昭和初期に全道の内陸部に拡散したものが、平成期には太平洋沿岸に南下したことになる。あれほど鉄道路線に沿って多発していた事件が、まったく影を潜め、これまで比較的事件の少なかった地域に多発しているのである。

ここで参考になるのが、冒頭の地図①「北海道開拓図」だろう。この地図が示す「いまだ開発されていない空白地帯」に、生き残ったヒグマは封じ込められたわけだが、その生活圏からはみ出すようにして事件が起きている。春熊猟の禁止によって個体数が増え続けた結果である。

この傾向が今後も続くとすれば、前記「空白地帯」に隣接する日高山脈、根釧地方、渡島半島、十勝平野北部、支笏洞爺国立公園一帯、増毛山地、天塩山地、大雪山系に隣接する地域などで、人身事故が起きる確率が高いといえる。

現に、令和三年の札幌市東区にヒグマが出没した事例では、加害熊は増毛山地南麓の当別町から南下したとされている。

また地球温暖化により北海道の平均気温が上昇傾向にあることは周知の通りである。かつて本州のヒグマが絶滅したように、北海道のヒグマも今後、危機に瀕するかもしれない。

全道的に見れば、より寒冷な道北、北見方面に多くの個体が退避することも考えられ、同地方で人身事故が多発する可能性がある。

今回の取材で、ヒグマに襲われながらも生還した人に話を聞くべく、さまざまな人の伝を辿ってみた。しかし彼らは一様に口を閉ざし、取材に応じる人は皆無であった。

そのうちの一人である、道北の某猟友会の猟師は、近所にヒグマが出没したことから、駆除のために山に入ったが、逆襲されて頭部に重傷を負った。そこにメディアが押しかけ、失礼な質問を浴びせたという。

「安全管理はちゃんとしていたのか」

「一人で山に入ること自体、無謀ではないのか」

「そもそも狩猟免許は持ってるのか」

村人のために危険を冒し、勇を鼓して熊退治に向かったのに、痛くもない腹を探られ、まるで悪者のように叩かれる。

あまりの理不尽に、マスコミの取材は一切お断りしているとの返答であった。

成功すれば稀代の英雄と称えられ、失敗すれば愚か者として残酷な制裁を受ける。それが現代という時代なのである。

筆者は戦前の新聞をずいぶん読んできたが、そこで実感したことのひとつは、昔の人々がいともたやすく、簡単に死んでしまうことであった。

一朝、暴風が吹けば無数の漁船が転覆し、数十人が海に呑まれる。まさに「板子一枚下は地獄」である。

またいったん炭鉱が爆発すれば、数百名の炭鉱労働者の命が吹き飛んでしまう。

象徴的なのは明治四十五年である。

この年は災害が多発した年として知られ、四月二十九日に、夕張第二斜坑でガス爆発が起き、二百六十九名が死亡、五月四日には、岩内沖で百隻以上の漁船が遭難し、死者行方不明者百三十六名を出し、十二月二十三日、再び夕張鉱でガス爆発が起きて、二百十六名が死亡、さらに年明けの一月十三日、三たび夕張鉱内で火災が発生して、五十三名が死亡した。

これらの炭鉱事故は、すべて月曜朝に発生したことから、地元では「月曜日に事故が起きる」と恐れられたと伝えられる。

その他、圧死、轢死、墜死、溺死などなど、数え切れないほどの事件事故が、日々の新聞を賑わせる。まるで一人や二人の人間の死など珍しくもないと言わんばかりに。

その一方で、当時の人々には、人の死を泰然と受け容れる大度《たいど》、あるいは諦観のようなものが感じられる。

「夕張　苦ばかり　坂ばかり　ドカンと来れば　死ぬばかり」という戯れ歌は、当時の炭鉱労働者の気風を象徴的に伝えているが、どこかあっけらかんとして、自虐的であり、かのハナ肇とクレージーキャッツの「ハイそれまでョ」のような剽軽ささえ感じられる。

実際、最盛期の夕張は空前の大景気であった。炭鉱労働者の多くは独り者であり、「宵越しの金は持たぬ」という気質でジャンジャン金を使いまくる。炭鉱は朝夕夜の三交代で二十四時間稼働していたので、一杯飲み屋や料理屋は早朝から深夜まで営業し、まさに不夜城の観を呈していた。炭鉱長屋には若い夫婦者も多く、子供らが駆け回り、五月の炭山祭ともなると、大変な賑わいであったという。

明日をも知れぬ命だからこそ、生命ある今この瞬間に感謝し、精一杯楽しむ。旺盛な生命の輝きを感じずにはいられない。

翻って現在という時代はどうだろうか。

科学技術の長足の進歩と徹底した安全管理により、事故が起きることは稀であり、起きたとしても人が死ぬことは、さらに稀である。現代というのは、誤解を怖れずにいえば、「病気以外で死ぬことを許されない社会」と言ってもいいかもしれない。

人の命は、戦前とは比較にならないほど重く、かけがえのないものになった。

しかし一方で、それが失われた時の責任の重さも倍増した。

一人でも怪我人が出れば、社長の首が飛ぶほどの責任が問われる。ましてや死人が出たとなれば、担当者が自殺するまで批判の嵐は止むことがない。

社会は萎縮傾向となり、災害の兆候がほんの少しでもあれば、「経験したことのないレベル」だと、過剰とも思える報道がなされ、市町村は簡単に避難指示を呼びかける。まるで「避難しないほうが悪い」とでも言いたげに。もちろん最悪の事態を想定することは悪いことではない。しかし筆者には、こうした対応は、むしろ問題が発生したときに批判をかわすための口実のように映る。

本書でもたびたび触れた通り、かつての熊撃ち猟師は村の英雄であった。彼らはヒグマを討ち取るために、たとえば次の記事が示すように、十日あるいはそれ以上、山に入って追跡することも稀ではなかった。

「石狩郡当別村字西小川通り山内万治（五一）は熊打ちの名人なるが、去月中同村字青山奥に大熊出没し危険なるを聞き込むや、直ちに同山に分け入り捜索するうち発見して、爾来十八日間山中を追い回し、去月二十九日夕方に至り、ようやく字二番川の山腹にて追い付き（中略）翌三十日シベツ川上流の木の根に臥し居たるを認め、五六間の箇所よりただ一発のもとに射倒したりという」

――『小樽新聞』大正八年五月八日

かつてのヒグマは、毛皮、肉、そして「熊の胆《い》」と呼ばれる胆囊などが高値で取り引きされ、経済動物としての価値を十分に備えていた。だからこそ、猟師は生命をかけてヒグマと対峙したし、村人は彼らを尊敬し、彼らの度胸を称えた。

現代はどうだろう。

日本人の暮らしは、かつてとは比較にならないほど豊かになり、熊肉など誰も見向きもしなくなった。毛皮よりもはるかに機能性の高い素材が開発され、医学の進歩により、万能薬ともてはやされた「熊の胆」を求める人は少なくなった。

「衣食足りて礼節を知る」というが、「自然保護」という考えが日本人の間でも議論されるようになり、「山の親爺」と親しまれ、畏怖されてきたヒグマは、皮肉にも「管理」される対象に成り下がってしまった。そもそも「自然を保護する」という考えは、人間中心主義である西洋のものであって、日本では「八百万の神」であり、崇拝の対象だったのではなかったか。

科学の進歩によって、個人の生命がかけがえのないものとなったがゆえに、それを軽んじた者に対する仕打ちは残酷を極めるようになった。

村人のために単身、山に入り、怪我を負った猟師は、その無謀を理由に、理不尽な批判にさらされた。

札幌市東区に出現して、四人に重軽傷を負わせたヒグマが射殺された時も、「なぜ殺すのか」という批判の電話が地元猟友会に殺到した。現在、北海道を賑わしている、道東で六十五頭もの牛を斃した巨熊「ＯＳＯ18」についても、本州の動物愛護団体から「かわいそうだから殺すな」とか「動物虐待だ」といった抗議が、地元役場や猟友会に押し寄せている。

これでは猟師の担い手がいなくなって当然だろう。その結果、猟友会の高齢化が進み、技術の継承が断たれ、ヒグマの個体数が激増し、ついに四人もの尊い犠牲者を出してしまった。
令和三年の一連の人喰い熊騒動は、人間の欲望と傲慢、そして配慮の精神に欠けた現代社会の歪みに、ヒグマが牙をむいたとも言えるのではないか。
最後に筆者は、ヒグマ研究の泰斗、八田三郎博士による次の一文を引用したい。

「熊は、（中略）正直と真面目との表象のように見える。大勇は深く内に蔵して外には露わさぬ。猛獣仲間にはありがちの邪智もなければ権謀もない、てらいもしなければ執拗でもない、おおようで、公明正大で、淡泊で、淳朴で、真面目で、余程のっぴきならぬ場合でなければ、その偉大な実力をば利用せぬ。世がもし不正直で、表面的で、不真面目にでもなったら、貪婪飽くことを知らぬとまで歌われている猛獣仲間の熊が、そんな下劣になった人間の手本となって、彼らを正道に引き戻してくれるようなことが確実に認めらるる」

世の中の不公正が極限にまで達しつつある現代という時代を、ヒグマはどのように眺めているだろうか。

人力社HP(www.jinriki.net)リンクの
「グーグルドライブ」から
「北海道人喰い熊マップ」を閲覧いただければ、
本書で取り上げた各事件の位置関係が把握できる。

中山茂大（なかやま・しげお）

昭和四四年、北海道深川市生まれ。ノンフィクション作家。人力社代表。日本文藝家協会会員。上智大学在学中、探検部に所属し世界各地を放浪。出版社勤務を経て独立。東京都奥多摩町にて、築一〇〇年の古民家をリノベして暮らす一方、千葉県大多喜町に、すべてＤＩＹで建てたキャンプ場「しげキャン」をオープン。主な著書に『ロバと歩いた南米・アンデス紀行』（双葉社）、『ハビビな人々』（文藝春秋）、『笑って！古民家再生』（山と溪谷社）など。北海道の釣り雑誌『North Angler's』（つり人社）にて「ヒグマ１１０番」連載中。

神々《かみがみ》の復讐《ふくしゅう》 人喰《ひとく》いヒグマたちの北海道開拓史《ほっかいどうかいたくし》

二〇二二年一一月八日 第一刷発行
二〇二三年 七 月二五日 第二刷発行

著者 中山茂大《なかやましげお》

発行者 鈴木章一
発行所 株式会社 講談社
東京都文京区音羽二-一二-二一 郵便番号一一二-八〇〇一
電話 編集 〇三-五三九五-三五二二
販売 〇三-五三九五-四四一五
業務 〇三-五三九五-三六一五

印刷所 株式会社新藤慶昌堂
製本所 大口製本印刷株式会社

ISBN978-4-06-529886-2